彩图2-8　拦鱼栅

彩图2-9　刚用生石灰消毒的池塘

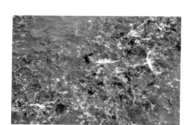

彩图2-10　投饵时鱼的摄食情况

彩图3-1　幼鳖

彩图3-2　龟

彩图3-3　黄鳝

彩图3-4　水草

彩图4-1　黄鳝的池塘养殖

彩图 4-2　泥鳅的池塘养殖

彩图 4-3　放养的泥鳅寸片

彩图 4-4　翘嘴红鲌

彩图 4-5　鳜鱼

彩图 4-6　增氧设施

彩图 4-7　黄颡鱼

彩图 4-8　黄颡鱼的疾病

彩图 4-9　沙塘鳢

彩图 4-10　为沙塘鳢设置隐蔽物

彩图 4-11　龙虾

彩图 4-12　进水口的防逃设施

彩图 4-13　种植水草

彩图 4-14　龙虾的防逃设施

彩图 4-15　适宜的虾种

彩图 4-16　地笼捕捞龙虾

彩图 4-17　鳖

彩图 4-18　金鱼

彩图 4-19　池塘养殖金鱼

彩图 4-20　用生石灰对池塘进行消毒

彩图 5-1　罗氏沼虾

彩图 5-2　罗氏沼虾养殖温棚

彩图 5-3　水草的种植

高效养淡水鱼

占家智　羊　茜　编著

机 械 工 业 出 版 社

本书主要介绍我国淡水鱼的养殖特色及生产方式、鱼类的生活习性、养殖鱼类的选择等基础知识；淡水鱼的八字精养法、池塘养殖、80：20 池塘养殖等高效养殖模式；莲藕池中混养鱼、鳖，青虾，水草生态轮作等立体综合养殖技术；黄鳝、泥鳅、金鱼等名优淡水鱼的高效养殖技术，还附有高效养殖实例。本书内容翔实、图文并茂、通俗易懂、实用性强。另外，本书设有"提示""注意"等小栏目，可以帮助读者更好地掌握淡水鱼的高效养殖技术。

本书适合广大淡水鱼养殖户和技术人员学习使用，也可作为新型农民创业和技能培训的教材，还可供水产相关专业师生阅读参考。

图书在版编目（CIP）数据

高效养淡水鱼/占家智，羊茜编著 . —北京：机械工业出版社，2015. 9
（2024. 3 重印）
（高效养殖致富直通车）
ISBN 978-7-111-51285-1

Ⅰ . ①高…　　Ⅱ . ①占…　②羊…　　Ⅲ . ①淡水鱼类 – 鱼类养殖
Ⅳ . ①S965. 1

中国版本图书馆 CIP 数据核字（2015）第 195974 号

机械工业出版社（北京市百万庄大街22 号　邮政编码100037）
总 策 划：李俊玲　张敬柱　　　　策划编辑：郎 峰 高 伟
责任编辑：郎 峰 高 伟 石 婕　责任校对：炊小云
责任印制：单爱军
保定市中画美凯印刷有限公司印刷
2024 年 3 月第 1 版第 11 次印刷
140mm×203mm·7. 25 印张·2 插页·206 千字
标准书号：ISBN 978-7-111-51285-1
定价：29. 80 元

电话服务　　　　　　　　　　网络服务

客服电话：010-88361066　　机 工 官 网：www. cmpbook. com
　　　　　010-88379833　　机 工 官 博：weibo. com/cmp1952
　　　　　010-68326294　　金 书 网：www. golden-book. com
封底无防伪标均为盗版　　机工教育服务网：www. cmpedu. com

高效养殖致富直通车
编审委员会

序

　　改革开放以来，我国养殖业发展非常迅速，肉、蛋、奶、鱼等产品产量稳步增加，在提高人民生活水平方面发挥着越来越重要的作用。同时，从事各种养殖业也已成为农民脱贫致富的重要途径。近年来，我国经济的快速发展为养殖业提出了新要求，以市场为导向，从传统的养殖生产经营模式向现代高科技生产经营模式转变，安全、健康、优质、高效和环保已成为养殖业发展的既定方向。

　　针对我国养殖业发展的迫切需要，机械工业出版社坚持高起点、高质量、高标准的原则，组织全国20多家科研院所的理论水平高、实践经验丰富的专家学者、科研人员及一线技术人员编写了这套"高效养殖致富直通车"丛书，范围涵盖了畜牧、水产及特种经济动物的养殖技术和疾病防治技术等。

　　丛书应用了大量生产现场图片，形象直观，语言精练、简洁，深入浅出，重点突出，篇幅适中，并面向产业发展需求，密切联系生产实际，吸纳了最新科研成果，使读者能科学、快速地解决养殖过程中遇到的各种难题。丛书表现形式新颖，大部分图书采用双色印刷，设有"提示""注意"等小栏目，配有一些成功养殖的典型案例，突出实用性、可操作性和指导性。

　　丛书针对性强，性价比高，易学易用，是广大养殖户和相关技术人员、管理人员不可多得的好参谋、好帮手。

　　祝大家学用相长，读书愉快！

中国农业大学动物科技学院

前　言

　　我国是一个幅员辽阔的内陆水域大国，有内陆水面近 3 亿亩，是世界上淡水渔业最发达的国家之一。我国的淡水鱼池塘养殖，更以技术精湛的"八字养鱼法"著称于世。自 1973 年以来，我国淡水渔业的养殖面积和养殖总产量均居世界第一位，为各国所瞩目。

　　淡水鱼高效养殖是个系统工程，它涉及生物、工程、气象等多门学科，对养殖的各个环节，如饲料的供应与科学投喂、疾病的防治、水质的管理、饲养方法及一些名优淡水鱼类的高效养殖技术等都有一定的要求。我们在多年的淡水鱼养殖生产中，深知广大养殖户对高效养殖技术的渴求，深刻体会到了渔业生产中出现的各种问题对养殖效益带来的影响。因此，我们结合自身的实践经验和试验，并向一些"土专家"请教，编写了这本《高效养淡水鱼》，也希望本书能成为广大养殖户提高淡水鱼养殖效益的致富"宝典"。

　　需要特别说明的是，本书所用药物及其使用剂量仅供读者参考，不可照搬。在生产实际中，所用药物学名、常用名和实际商品名称有差异，药物浓度也有所不同，建议读者在使用每一种药物之前，参阅厂家提供的产品说明以确认药物用量、用药方法、用药时间及禁忌等。

　　本书所介绍的高效养殖技术可靠、实用性强、可操作性强。在编写过程中，我们先后请教了多位专家、学者，也得到了一些同行的帮助，并参阅了他们的有关文献资料，在此一并表示谢意！

　　由于编者的水平有限，在编写中难免会有一些错误和不足之处，恳请读者朋友指正！

编　者

目　录

第三章　淡水鱼的立体综合养殖

第四章　名优淡水鱼的高效养殖

第五章 养殖实例

附　录　常见计量单位名称与符号对照表

参考文献

第一章
概 述

淡水鱼类是终生生活在淡水中的变温性脊椎动物，体温随环境的变化而变化。它们的体表大多生有鳞，用鳍游泳，以鳃呼吸。多数鱼有鳔，心脏只具有一个心耳和一个心室，听觉器官只有内耳。其常见的典型代表是鲤鱼、鲫鱼等。

淡水鱼养殖就是利用池塘、水库、湖泊、江河及其他内陆水域（含微咸水），饲养和繁殖水产经济动物（鱼、虾、蟹、贝等）及水生经济植物的生产活动。养殖的对象主要为鱼类，养殖的虾类有罗氏沼虾、海南大虾等，养殖的蟹类主要是河蟹。目前，我国淡水养殖鱼类主要包括青鱼、草鱼、鲢鱼、鳙鱼、鲤鱼、鲫鱼、鳊鱼、鲂鱼、鲮鱼、非鲫鱼等经济性鱼类。

第一节 我国淡水鱼养殖概述

一 我国淡水鱼养殖的特色

淡水鱼养殖是人类获得动物性蛋白质来源的重要途径之一，其生产较稳定，投资少，收益高，发展潜力大。我国淡水总面积约 $20 \times 10^4 \text{km}^2$，养殖总产量居世界首位，占全国水产品总产量的 36.7%。我国淡水鱼养殖在长期的发展过程中，根据本国水产特点，形成了自己独有的特色。

1. 养殖品种的选择具有广谱性

选用生长快、肉味美、食物链短、适应性强、饲料容易解决、苗种容易获得的鱼类作为我国的主要养殖鱼类，比如鲢鱼、鳙鱼、草鱼、青鱼、鲤鱼、鲫鱼、鲂鱼、鳊鱼、鲮鱼等都是我国传统的养殖对象，这些鱼种淡水养殖的成本低，几乎可以适用于任何淡水水域，也可以适用于网箱、池塘、水库、湖泊、河沟等养殖模式。

2. 因地制宜解决鱼用肥料和饲料

根据不同的生产模式来解决鱼用饲料和肥料。在水库和湖泊养殖时，充分利用当地天然饵料资源和某些有机肥料（如禽、畜粪便）及农副产品加工后的废弃物（如糠、饼、麸、糟类）作为养殖鱼的饲料和肥料。在池塘和网箱养殖时，大力推广应用颗粒饲料，主要是浮性颗粒饲料。浮性颗粒饲料的大量应用，极大地开拓了大面积池塘养殖的饲料来源，提高了养殖效益。

3. 养殖模式的多样化

我国的淡水鱼养殖不再是单一的单品种养殖，在吸收国外先进的流水养鱼、网箱养鱼、工厂化养鱼的经验基础上，加以改进，探索出了更适宜我国国情的多样化的养殖模式。最显著的例子就是充分开发出立体混养的养殖技术，也就是在同一水体中确定以某一种主养鱼为主，同时混养多种鱼类的养殖模式。混养是根据各种鱼类不同的生活习性、食性和栖息水层等生物学特性，按食性和栖息水层合理搭配、立体放养不同鱼类的养殖方法。它可以充分利用不同鱼类之间的互利作用和不同水层的饵料，最大限度地利用养殖水体的生产潜力。

而在湖泊、水库等可控性较差的大水面中，也采取了多种行之有效的养殖模式，比如在放流的基础上，进一步开发了围网养鱼、"赶、拦、刺、张"综合养鱼、网箱养鱼等模式，实现了从单纯的人放天养的粗养殖模式与半精养、人工可控的精养模式的共存。

4. 综合养鱼技术的应用

在淡水鱼养殖的经营模式上采用综合养鱼技术来达到增产增效的目的。在生产上以鱼为主，渔、农（经济作物、蔬菜、花卉、果树等）、牧（畜、禽养殖）三业配套；在经营上，贸、工（农副产品加工工业）、渔三业联营，这种经营方式简称综合养鱼。通过综合养鱼，将池塘养鱼与种植业、畜牧业、加工业、环保、营销等行业有机结合起来，构成水陆结合的复合生态系统。通过这种有机结合，强调食物链的多级、多层次的反复利用，不仅合理利用了资源，提高了能量利用率，而且循环利用了废物，避免了环境污染，保持了增养殖业的生态平衡，也大大增加了水产品及其他动植物蛋白质的供应量，降低了成本，提高了经济效益。

二 淡水鱼的养殖方式

我国的淡水鱼养殖有以下几种主要生产方式。

1. 池塘养鱼（图1-1）

一般指在面积较小的池塘里进行淡水鱼的养殖，这是一种在封闭水体中的鱼类养殖。相对来说，池塘是经常处于静水状态的小型水体，多由人工开挖或天然水潭改造而成，面积一般数亩到数十亩，是中国历史上最早的一种养鱼方式，也是目前我国淡水养殖最主要的生产方式。由于池塘水体较小，人为控制条件也比较成熟，水质容易控制，养殖技术也容易掌握，是历来群众性养鱼的主要方式。池塘养鱼具有静水养鱼的特点，适宜不同栖息习性和食性的种类进行混养，可以充分利用水体诱饵，同时还可以使用施肥的方法来培养天然饵料，特别适合于发展中国家的农业现状。

2. 湖泊养鱼（图1-2）

在湖泊里养殖淡水鱼，一般可采用三种方式，一种是在湖泊的深水区采用网箱，实行精养；另一种是在湖泊中用围网圈起一块水面进行半精养，也可以在中小型湖泊的进出水口建筑拦鱼设施，进行养鱼，主要利用天然饵料，辅以人工施肥投饵；第三种是直接将鱼种投放到大水面中，实行人放天养式的粗养方式。

图1-1　池塘养鱼　　　　　图1-2　湖泊养鱼

3. 河道养鱼

在河道或河沟里养殖淡水鱼，通常是在河道的进出水口建筑拦鱼设施，进行养鱼，主要利用天然饵料，辅以人工施肥投饵。

4. 水库养鱼（图1-3）

根据各种类型的水库实行不同的养殖方式来养殖淡水鱼类。

1）对于那些小型的农田灌溉水库，凡可以防逃、容易捕捞的，由于它们的水面较小，而且全部是在人为可控条件下的，因此可以采取池塘养鱼方式，实行精养或半精养。但要注意的是，在雨量充沛的年份里，这种养殖模式收入是有保障的，但是如果遇到枯水年份，由于这些农田灌溉水库本身就是为基本农田服务的水利工程，这时候的养殖必须服务于种植，因此就可能有水库里水位枯竭而导致鱼类无法生存而死亡的危险。

2）较大的平原水库由于水体相对较浅，水位也相对稳定，因此常采取湖泊、河道的养鱼方式来经营。

3）大型综合水库主要是用来调节区域性的水利，如三峡水库，并不是为养鱼服务的，加上水库的库容量大、水位深、水面开阔，因此不适宜用于人工精养或半精养的经营方式，通常是采取繁殖保护鱼类资源为主，辅以少量的人工放养，是一种标准的人放天养、靠天吃鱼的经营方式。如果有可能的话，可在水库的库湾修建堤坝或拦网，将其与水库主体部分分开。在被拦的库湾中养鱼，可以有效地提高整个水库的渔业产量（图1-4）。

图1-3　水库养鱼

图1-4　被拦的库湾养鱼

5. 稻田养鱼（图1-5）

这是一种利用水稻田养殖淡水鱼的方式，既能增加鱼产量，又能消除稻田中的害虫、杂草，此外还能疏松土壤，肥沃稻田，增加水稻产量，减少稻田施肥、用药量，是一种生态环保型的淡水鱼养殖方式。用于养鱼的稻田必须水源充足，田埂坚实，稻田进出口要有拦鱼设备，田内要开挖鱼沟和鱼溜。

6. 工厂化养鱼

这是一种目前科技化程度最高、投入最多、但是产值也最好的淡水鱼精养方式，通常1亩水面的养殖产量可达十几吨，甚至更多。它综合运用机械、电气、化学、自动化的现代设施，突破了温度对鱼类养殖的限制，在水质、水温、水流、溶氧、光照、投饵等各方面进行人为控制，创造和保持最适宜鱼类生长和发育的生态条件，使鱼类的繁殖、苗种培养、商品鱼的养殖等各个环节都处在人工控制的水体环境中，进行无季节性的连续生产。工厂化养鱼的形式主要有自流水式、循环流水式和温流水式。

7. 网箱养鱼（图1-6）

用纤维网片、金属网片等材料缝制成长方体、圆柱体等具有一定形状的箱体，将其架设在较大的水体中，使箱体内外水体可以自由交换，在这样的箱体环境中养鱼就叫网箱养鱼。网箱养鱼是近20年来世界上出现的一种新兴的现代化科学养鱼技术，目前国内外已广泛地应用在水库、湖泊、河道等大中型水域中，培育鱼种和饲养各种经济鱼类。

图1-5 稻田养鱼

图1-6 网箱养鱼

三 提高淡水鱼养殖效益的方法

俗话说："水里摸葫芦"，说明水产养殖还是有一定风险的，因此要想淡水鱼高效养殖取得较好的效益，在讲究生态效益和社会效益的同时，一定要抓好经济效益的提高，这是让淡水鱼高效养殖持续、稳定、有序地发展的基础。

1. 算好经济账

在进行淡水鱼养殖前，一定要好好地算算账，先核对养殖的成本、收益和市场前景，在确定成本可控、市场可抓、收益可靠后再进行养殖。

2. 养殖高质量的鱼

一旦进行养殖，就一定要养好质量高的鱼，这样才能有好的市场，才能卖出一个好价格，要严格按照有关食品卫生的标准去规范操作和生产，我们提倡合理密度无病化高效养殖的观念，目的是在养殖过程中尽量不使用化学药物，以保证养成的淡水鱼是高品质的水产品，市场的认知度高。

3. 打出品牌

一个好的淡水鱼品牌，对它的销售是非常有帮助的，不但销售价格高，而且在市场属于抢手商品，这方面的例子比较多，例如"阳澄湖大闸蟹""盱眙龙虾""密云水库胖头鱼""天目湖鱼头"等，一个品牌是养殖场软实力和硬价值的体现，因此我们在开发养殖高质量的淡水鱼时，一定要打造好品牌。

4. 降低养殖成本

同样的产量、同样的市场，有的养殖户生产成本较低，收益自然就高，因此降本增效是我们在养殖时必须考虑的一件大事，这方面的技巧包括如何选择养殖品种、如何选择合适苗种、如何自繁自育鱼种、如何准备饲料及科学投喂等。

5. 适时销售

养殖上有一句俗语："会养不会卖"，说的就是养殖好淡水鱼，但是不会销售，结果也没有取得好的经济效益。因此在销售时既要考虑季节性，做好应时上市，也要考虑销售淡季的市场，做好轮捕轮放、瞄准时间上市。另一方面也要做好自己水产品的广告宣传，扩大知名度。

第二节　鱼类的生活习性

　　"近山识鸟音，近水知鱼性。"因鱼的种类不同，其生理特性、生活习性、所需的食物和觅食规律、产卵时间、活动的环境、水层均不相同。

一　不同的栖息水层

　　各种鱼类，由于它们对食物的需求不同，经常栖息和活动于不同水层。例如鲢鱼、鳙鱼主要捕食浮游生物，所以经常栖息活动于浮游生物较多的水体上层；草鱼和团头鲂爱吃水草的根、茎、叶，经常栖息活动于水的中下层；鲤鱼、鲫鱼则主要取食底栖生物，通常栖息活动于水的底层；鲇鱼和黄颡鱼，不仅喜食底栖动物，而且怕光，白天钻进洞内，只有阴天和夜间才大量出游，在水底层觅食。

二　不同的适温类型

　　鱼类是冷血变温动物，其体温随水体中温度的变化而变化。鱼类摄食与生长，要求有一定的水温，在适温范围内，水温升高对养殖鱼类摄食强度会有显著的促进作用，对它们的新陈代谢活动也明显有促进作用；而水温降低，鱼体的新陈代谢水平也降低，导致它们食欲减退，生长速度也减慢。在我国生长的鱼类，主要有冷水性、温水性和热带鱼类三种类型。

1. 冷水性鱼类

　　生长在我国新疆北部较寒冷或高山水域的鱼类和黑龙江流域的狗鱼、细鳞鱼、哲罗鲑、江鳕鱼、虹鳟鱼等，都属于冷水性鱼类（彩图1-1）。它们在0~18℃的范围内都能正常生活，4~15℃的水温下它们生机最旺盛，超过30℃则会死亡，在入春以后冰雪刚融化的3~4月和冬季出现冰冻前的10月，游动活跃，食欲正常。其中哲罗鲑还特别不畏寒冷，它不但沉入冰水层中避寒，还喜欢在冰层下面活动觅食。

2. 温水性鱼类

　　有很多品种的淡水鱼，在水温较高或较低的情况下都能适应，这种对水温适应性很强的鱼类，即为温水性鱼类，主要包括鲫鱼、青鱼、草鱼、鳊鱼、鲢鱼、鳙鱼、鲤鱼、乌鱼、鳜鱼、鲶鱼等。但是，温水性鱼类因品种不同，其适温范围也有差异。如鲢鱼、鳙鱼喜欢较高的温度，最适宜生长的水温为25℃左右；鲤鱼、鳊鱼在水温15～25℃时食欲旺盛；鲫鱼的适温在15～30℃。

3. 热带性鱼类

热带性鱼类原生活在热带和亚热带的水温环境中，只适应在水温25～35℃的范围内生活，这些鱼类主要生活在我国南方。例如罗非鱼只能在8℃以上的水温中生活（图1-7）。

图1-7 罗非鱼

三 洄游习性

1. 洄游的概念

鱼类在水体中具有一定时间、范围、方向、距离的迁移称为洄游。洄游规律和水温、饵料、产卵都有直接的关系，养殖学上把它称为"适温洄游""索饵洄游""产卵洄游"。

2. 溯河洄游和降河洄游

鱼类的洄游方向和距离各有差异，有的从海洋到河流，有的从河流到海洋，有的从南向北，有的则从北向南。在鱼类养殖上，我们把鱼类由海洋到河川，或由河川到海洋的长距离洄游分为两种。

① 溯河洄游：成鱼生活于海洋中，等到性成熟时便上溯到河川进行繁殖。如鲑鱼、虹鳟鱼、鲥鱼、鲟鱼等鱼类。

② 降河洄游：幼鱼生活在河川中，将成熟时游往海洋进行繁殖，如鳗鲡、河蟹等。

3. 垂直洄游

与游泳一定距离的洄游不同，不少鱼类有在水体中上下移动的习性，称为垂直移动或垂直洄游，这种垂直洄游基本上是在原地，只是上下水层位置的改变，而距离没有改变。各种鱼类垂直移动的时间往往是固定的，在昼夜24h内有一定的节律性，其垂直移动达到的水层则各有区别。

四 集群习性

除鲶鱼、黑鱼等少数掠食性鱼类之外，大多数鱼类都是喜欢群居的。

五 趋氧习性

就像人需要呼吸空气中的氧气一样，水中溶解氧的含量（简称溶氧量）则是鱼类及其他饵料生物生存和生长发育的主要环境因素之一。

1. 鱼类喜氧的特性

根据养殖的实践和研究表明，鱼类的最适溶氧量为 5mg/L，正常呼吸所需要的溶氧量一般要求不低于 3.4mg/L，1.5mg/L 左右的溶氧量为警戒含量，降至 1mg/L 以下就会造成窒息死亡。因此在养鱼时，我们一定要满足鱼类对氧气的要求。平时我们也可以看到，在无风天气里，水体中的溶氧少，波浪大则溶氧情况好，鱼会很敏感地向含氧高的水域转移。这就是鱼喜草、喜流、喜波、喜浅滩的主要原因。

2. 缺氧的现象

当水中溶氧量低于鱼类呼吸需求时，鱼类的呼吸作用机制受到阻碍，体内的氧气得不到充分及时的供应。为了获取必需的氧气来维持各种生理功能，鱼类的被动呼吸运动加强，呼吸频率加快，而由于水体内可供利用的氧气不足，鱼类就会上浮到水面，把头拼命伸出水面，因此我们经常会看到在夏天天气闷热时，鱼塘里就会有不少鱼把头浮出水面来呼吸，这种现象俗称"浮头"。

3. 及时补充氧气

解决鱼缺氧有人工和天然两种方法。人工方法是安装增氧机，只要天气闷，就开动增氧机，喷水和搅动水，或靠自然风，将水面吹起浪花，这比开增氧机的效果好得多。更为彻底的解除闷热缺氧的方式是既刮风，又下雨，风浪和雨水都能增加水中的氧气。池塘中的水，如果附近有山水不断流入，哪怕量很少，都会使水中的溶氧量提高；池水若有细微流动，则水中的溶氧量也能比死水的池塘高。

4. 影响水体里氧气的因素

水温的高低可使水中的溶氧量发生变化。水温高溶氧量就低，反之，水温低溶氧量就高。正是因为这个原因，池塘里的鱼出现浮头的现象一般都在夏天。另外，水中有没有水草之类的水生植物及水是否流动，也和水中的溶氧量有关。若水中生长有水草等水生植物，则水中的溶氧量就比较高；没有水生植物的水域，其溶氧量就较低。

5. 判别溶氧量的方法

判断水中溶氧量的高低须"二看"。一看鱼情。平时多注意巡塘，尤其是在夏天的凌晨更要注意加强巡视，当发现有鱼浮头的水域，就是溶氧量极低的水域。有时会发现池塘里没有鱼浮头，但有鱼特别是鲫鱼在半水或草下悬浮不动，那也表明水中含氧不足，也应该果断开启增氧机。二看水情。如果风吹水面，波浪连绵，不但空气与水的接触面增加，而且波浪把空气搅拌于水中，溶氧量则成倍增加。如果水面被水草大面积覆盖，这种水域的溶氧量就很少。

六　水的透明度与水色和养鱼的关系

"水至清则无鱼"，一般池塘水的透明度在 30～35cm 比较理想。水色呈黄褐色或油绿色且混浊度小的水域，是鱼喜欢栖息和觅食的水域。

水的透明度受诸多因素的影响。浮游生物量多，透明度小是肥水的标志；反之，浮游生物量少，透明度大则是瘦水的反映。水的透明度除受浮游生物量的影响外，还受泥沙、天气、鱼类本身的影响。如果风浪大，水被搅混，透明度就低；阴天，光线差，透明度也低。鲤鱼喜在池底拱泥找寻食物，故也可使水变混浊，使水的透明度降低。

如果水呈浅黄色，透明度在 30～40cm 之间，或是呈浅绿色，透明度在 20～30cm 之间，或呈黄绿色，透明度在 20cm 左右，鱼多且食欲旺盛。如果水呈深绿色，透明度在 10cm 左右，说明水质肥，适合鲢鱼、鳙鱼、非洲鲫鱼生长；在天气晴朗、气温适宜时，这种水色适宜鱼的生长，但遇阴天、气压低或天气转变、温差过大时，就会导致鱼缺氧，浮头不食，甚至会泛塘。如果水呈浅褐色，透明度在 20cm 左右，鱼食欲旺盛；水呈深褐色，浓厚，透明度不到 10cm，水质肥，遇阴雨、气压低、长期阳光暴晒时，鱼多因缺氧而浮头。

> **【提示】** 水的颜色是由水中浮游生物的色泽决定的。褐色水说明水中多为硅藻，绿色水说明水中以绿藻和隐藻为多，暗绿色水中以团藻、裸藻为主。工业污染水，水色有红色、褐色、乳白色等颜色，水中成分较复杂。硅藻、隐藻、金藻等浮游生物和轮虫、枝角类、桡足类浮游动物易被鱼类消化。这些浮游生物含量高，则鱼类生长快。反之水色清淡，水中浮游生物少，则鱼无食，生长缓慢。因此养殖户要经常注意观察水色，并学会养水养鱼的技术。

有经验的养鱼人通过观察水色不但能判断出是否有鱼，而且还可以判断出有什么鱼。鲤鱼和鲫鱼是杂食性鱼，要求有一定肥度的水体环境，多生活在浅黄橙色、浅褐色的水中。草鱼和团头鲂是草食性鱼，要求透明度较高、底质肥沃、有利于水草生长的浅青黄色水体。青鱼以螺、蚬、贝等底栖动物为食，常见于透明度较高的浅青色水中。一般的经验是，水色呈青黄色，说明草鱼较多；呈深黄色，表明鲤鱼较多；呈深绿色表示水肥，鲢鱼、鳙鱼、鲮鱼比较多。

七 对 pH 的适应性

pH 就是水的酸碱度，表明池塘里适宜鱼类养殖与生存的酸碱环境，pH 为 7 时，就人为地定义其为中性水体，pH 高于 7 时则称为碱性水体，低于 7 时则称为酸性水体。经常养殖的经济鱼类对池塘里的 pH 是有一定要求的，这是因为 pH 对鱼类会起直接或间接的影响。

在我国池塘养殖中的主要鱼类适宜的 pH 为 6.8~8.8，其中最适范围为 7.5~8.5，也就是说它们在微碱性的水中生长最好。如果池塘水体的 pH 长期处于 6.0 以下（强酸）或 10.0 以上（强碱），鱼类的生长会受到抑制，新陈代谢功能受到影响，甚至直接会导致它们的死亡。另一方面，不同的鱼类对池塘水体的 pH 变化也有较大的适应能力，而且它们的适应能力也不完全相同，如青鱼、草鱼、鲢鱼、鳙鱼的 pH 适应范围为 4.6~10.2；而鲤鱼的 pH 适应范围为 4.4~10.4。

八 鱼的食性

鱼的食性，就是指鱼一般喜欢吃什么。在不同季节、不同气候条件下，鱼的食物品种会有所改变。不同种类的鱼，由于在长期不同的生活环境中形成了各不相同的习性和生理机能，因此它们的食性亦不相同，但在鱼苗阶段的食性基本相似。各种鱼苗从鱼卵中孵出时，都以卵黄囊中的卵黄为营养。仔鱼（指鱼苗身体具有褶裙的时期，一般全长 8~17mm，属仔鱼期）刚开食时，卵黄囊还没有完全消失，肠管已形成，此时仔鱼均摄食小型浮游动物，如轮虫、原生动物等；随着鱼体生长，食性开始分化，至稚鱼（鳍褶消失，身体侧出现鳞片，一般全长 17~70mm，属稚鱼期）阶段，食性开始明显分化；至幼鱼（全身被鳞，侧线明显，胸鳍条末端分枝，体色和斑纹与成鱼相似，一般全长 75mm 以上，属幼鱼期）阶段，其食性与成鱼食性相似或逐步趋近于成鱼食性。

不同种类的鱼，其取食器官构造有明显差异，食性也不一样。一般鱼类按食性可以划分为以下几种类型。

1. 滤食性鱼类

滤食性也称浮游生物食性鱼类，中上层鱼类和许多小杂鱼及很多鱼类的幼鱼，大多以摄食浮游生物为主，如鲢鱼、鳙鱼等。它们的口一般较大，鳃耙细长密集，其作用好比一个浮游生物筛网，用来滤取水中的浮游生物。这类鱼不需要高营养物质的全价料，而只以粪肥、化肥等营养性物质繁殖浮游生物，以供其营养。其中鲢鱼主要以浮游植物为食，鳙鱼主要以浮游动物为食。

2. 草食性鱼类

也称素食性鱼类，以草鱼、鳊鱼、团头鲂为代表，尤其是草鱼，它正是由于专食草类食物而得名的。这类鱼的幼鱼是以水中浮游生物为食的，当长至5cm以后，就逐渐地转向以摄食植物为主，成长的个体主要以摄取水生草类植物为食，如水草、丝状藻类及生长在水中的其他各种植物，如黑藻、浮萍、狗尾草、狼尾草、苦草、马来眼子菜、菹草、稗草及嫩荷叶、茭白芽、菱叶、芦苇等，此外包括一些被淹没的陆生植物，如麦叶、狗尾草、稗草、野莴苣、蒲公英、菜茎叶、块根、块茎、一些陆生的瓜、菜叶及豆科植物和各类种子等。

3. 杂食性鱼类

这类鱼对动物性食物和植物性食物都能接受，如甲壳类小动物、无脊椎软体动物、昆虫的幼虫、蠕虫、螺蛳、环节动物、底栖动物、小鱼虾、藻类、蠕虫、贝类等小生物及高等水生植物种子、幼芽、丝状藻类、米饭屑、面包屑、粟类、豆类食物的碎屑、植物的残屑等，它们都不会拒食。在自然条件下，它们更喜欢摄食动物性食物，不过，在各个不同的季节，它还是会以吃某种食物为主，而且在诸多动植物中，还是有其比较喜爱的食物和并不很感兴趣的食物。常见的杂食性鱼如鲫鱼、鲤鱼、白鲦等。

4. 肉食性鱼类

肉食性鱼类也称荤食性鱼类。这类鱼多以水体中的其他鱼类和软体动物为食料，如鱼、虾、蚌、螺、蚬、青蛙等及陆生昆虫、落水的禽、鸟、小动物和无脊椎软体虫（蚯蚓等）、大型动物的碎屑、内脏等，它们都爱摄食。这类鱼有鳡鱼、狗鱼、石斑鱼、红鳍鲌、哲罗鲑、黑龙江鳇鱼、乌鳢、鳜鱼和鲇鱼、黄颡鱼等。这类鱼比较凶猛，力大，善于快速游弋，捕食时动作迅速，常追捕其他鲜活小型鱼类而食。

5. 杂屑物食性鱼类

杂屑物食性鱼类也称碎屑食性、腐屑食性鱼类。这些鱼类对某些食物有特殊的喜好，主要摄食水中的有机碎屑和夹杂在其中的微小生物或底层腐败的动植物碎片屑粒和有机质。这种鱼类多为底栖鱼类，具有挖掘泥沙的构造和功能，常见的种类如鲤鱼、黄尾密鲴、罗非鱼、鲮鱼等。

6. 底栖生物食性鱼类

这类鱼生活在水体的中下层和底层，以淡水底栖动物，如环节动物中的丝蚯蚓、软体动物中的螺蛳等为食，也爱吃蚬、沙蚕、幼蚌、虾蟹及底栖昆虫的幼虫和水中的环节动物等。其代表为青鱼等。

7. 人工饵料食性鱼类

人工饵料是指经过人为加工的天然食物，如豆饼、豆渣、米糠、酒糟、麸皮、饭粒、蚕蛹、酱糟、各种面食和经过蒸煮的薯类食物等。目前最成功且能为大多数养殖鱼类所接受的就是人工饵料，尤其是目前技术先进、配方科学的颗粒饲料，已经成为规模化养殖的重要技术措施之一。

一般来说，除了食鱼的凶猛鱼类外，其他鱼类对人工投喂的动植物饲料，如饼渣、米糠、麸皮、酒糟、蚕蛹等均喜食，这就为人工饲养提供了一个良好的条件。

鱼类食性有其相对性，并不是一成不变的，受生态内在因素和自然环境因素（如地域、季节、饵料条件）的影响，其食性有一定的可塑性。在个体发育的不同阶段，鱼类摄取不同的食物，例如，四大家鱼在鱼苗时期、摄食器官尚未发育完全时，主要以浮游动物为食，在进入夏花阶段时食性即发生分化。自然环境是鱼类赖以生存的条件，在食性方面它起着决定性的作用，当外界环境所提供的食物组成发生变化时，鱼类的食性也可以发生改变，如当环境中提供较多的米虾，草鱼也能采食；当水体中苦草很少或缺乏时，草鱼会选择眼子菜属等其他较嫩的水草。另外随着季节变化，环境中的食物丰度（食物营养素的丰满程度）出现变化，也影响到鱼类的食性。在 5 月，温度升高，浮游动物增殖，鲤鱼以动物性食料为主，而在 10 月，气温下降，不利于浮游动物的增殖，鲤鱼就转向以植物性食料为主。只要我们了解鱼摄食的方式和食物及对营养的要求，就可以人为地改变它们的食性。

第三节　养殖鱼类的选择

正确选择合适的养殖鱼类，是养鱼获得成功的先决条件之一。目前我国淡水水体中饲养的鱼类已超过 100 种，如何因地制宜地选择最优的养殖鱼类，以便使有限的投入取得最大的经济效益、社会效益和生态效益，是养殖中首先遇到的技术问题。

不同种类的鱼在相同的饲养条件下，其产量、产值有明显差异。这是由它们的生物学特性所决定的。与生产有关的生物学特性即生产性能是选择养殖鱼类的重要技术标准。作为养殖鱼类应具有下列生产性能。

一　生长快

选择的养殖品种，只有生长快、增肉率高、在较短时期内能达到食用规格，才能为养殖户带来收益。

二　食物链短

在生态系统中，能量的流动是借助于食物链来实现的。一个优良的品种，它的食物链越短越好。食物链越短，饲料转化为最终鱼产品的效率就越高，养殖效益也会随之提高。

三　食物来源广

选择的养殖品种，它的食性或食谱范围广，饲料容易获得，这是降低养殖成本的重要保证。

四　苗种容易获得

苗种是淡水鱼高效养殖中非常重要的一个环节，如果选择的苗种方便易得，在早期投入的养殖成本就会大大减少，养殖风险也会大大降低。

五　对环境的适应性强

目前，我国鱼类养殖的主要养殖对象均为淡水种类，其中以青鱼、草鱼、鲢鱼、鳙鱼、鲤鱼、鲫鱼、鲂鱼、鳊鱼、鲮鱼等种类最为普及。这些鱼类是我国劳动人民通过长期的养殖生产实践，与其他鱼类进行比较选择出来的，它们的生产性能均符合上述要求，因此渔民称其为家鱼。而其他鱼类，尽管生长比家鱼更快，肉味比家鱼更鲜美，但由于其生产性能在某些方面存在明显的缺陷，故统称其为"名特优水产品"。

第二章
淡水鱼的高效养殖方式

成鱼养殖是将鱼种养成食用鱼的生产过程，是养鱼生产的最后阶段。淡水鱼的成鱼养殖方式有池塘养殖、网箱养殖、流水养殖、稻田养殖、地热养殖和大水面养殖等多种。

第一节 "八字精养法"的内涵

成鱼养殖要求饲养生长快，养殖周期短、产量高、质量好，才能取得好的经济效益。为了达到上述目的，我国池塘养鱼工作者将复杂的养鱼生态系统进行简化和提炼，形成"水、种、饵、密、混、轮、防、管"八个要素，简称"八字精养法"综合技术措施。"八字精养法"，是在全面总结我国池塘高产养殖经验的基础上，对成鱼饲养综合技术措施的高度概括。

其中"水（水体）、种（鱼种）、饵（饵料）"是成鱼高产养殖必备的基本条件，是稳产高产的基础，一切养鱼技术措施都是根据"水、种、饵"这三大要素确定的。"密（合理密养）、混（多品种混养）、轮（轮捕轮放）"反映的是鱼种的放养方式，是快速养鱼获得稳产高产的技术措施。"防（防治鱼病）"和"管（精心管理）"则是成鱼稳产高产的根本保证，通过"防、管"综合运用这些物质基础和技术措施，才能达到高产稳产的目的。这八个方面是一个互相联系、互相依存、互相制约、互相促进的有机整体。每一个字都有其重要作用和特殊意义，生产中必须字字做实，不可替代，按照"八字精养法"的要求去做，就能实现稳产高产。

一 水

1. 水的含义

养鱼离不开水，"水"是鱼类的生活载体。这里所说的水，应该有三个含义：一是池塘所用的水源的水质和水量必须符合鱼类的生活和生长要求，能保证常年用水是在干旱地区养殖中特别重要的环节，当大旱之年农业与养殖争水时往往使养鱼半途而废；二是池塘条件，即池塘水面的大小，池水的深度、土质、水温、周围环境等必须符合鱼类生活和生长的要求；三是池塘养鱼过程中池水的变化情况必须适应鱼类的生活和生长要求，否则鱼类就会产生应激反应。另外养鱼水体要与居民区污水尽量分开，以免受污染而造成水体富营养化、鱼类中毒等事件。

要求养鱼池塘用的水源水量充沛，能够保证养殖用水的需要且能灌能排，有完备的进出水渠和排灌设备，排灌方便；池塘不漏水，有适当的污泥深度；水质良好无污染，符合养鱼用水水质标准。

池塘水面的大小、池水的深度也影响到养鱼效果。群众中有"宽水养大鱼"的说法，说明面积大一些、池水深一些的池塘养鱼效果好。但也不是池塘越大越好，池水越深越好。过大过深的池塘，给鱼的捕捞带来麻烦，饲养管理也不方便，因此要求鱼塘水面、水深符合规定要求，水面在20亩（1亩＝667m²）左右，水深在2m左右即可。池塘的形状、朝向则主要是决定其受光照的强弱和风力的影响不一样，长方形东西向池塘，受光照时间更长，受风力的作用增氧效果更好，对水温的提高及水中浮游生物的光合作用更为有利。当然，农民建池养鱼受客观条件的限制，对池形及朝向也不能强制要求。

2. 水质的要求

养鱼过程中池水水质要达到"肥、爽、嫩、活"的要求。

所谓"肥"，指的是水中有丰富的浮游动物、浮游植物等鱼类的天然饵料，有机物与营养盐类丰富。

"爽"指的是水面上和水体中没有污物，池水看上去很清爽，透明度适中，水中溶氧条件好。

"嫩"指的是水色鲜嫩不老，也是易消化的浮游植物较多，细胞未衰老的表现。

"活"表示水色经常在变化，指的是池水水色有月变化和日变化。其中在一天中有早、中、晚"日变化"，即"朝红晚绿"，同时水色还有上风口和下风口的不同变化。每个月水色也要有一定的变化，这种池水的日变化和月变化，说明水中能被鱼利用的浮游动、植物丰富，优势种群交替出现，特别是鱼类容易消化的浮游植物数量多、质量好、出现频率高，这样的池塘，鱼因能取得良好的食物而快速生长，从而获得较高的鱼产量和较好的经济效益。

3. 水质的判断方法

"肥、活、嫩、爽"的水质是鱼类生长发育最佳的水质。如何及时地掌握并达到这种优良的水质标准呢？经过多年来我国科技工作者和渔农的总结分析，通常采用以下的"四看"方法来判断水质。

（1）看水色　在池塘养殖生产中最希望出现的水色有两大类，一类是以黄褐色水为主（包括姜黄、茶褐、红褐、褐中带绿等）；另一类是以绿色水为主（包括黄绿、油绿、蓝绿、墨绿、绿中带褐等）。这两种水体均是典型的肥水型水质，它含有大量的鱼类易消化的浮游植物或浮游动物。但相比之下，黄褐色水的水质优于绿色水。其水中滤食性鱼类易消化的藻类相对比绿色水多。黄褐色水的指标生物是隐藻类。在水生生物生态上又称鞭毛藻型塘。这是由于大量投饵和施放有机肥料后，水中丰富的溶解和悬浮有机物使兼性营养的鞭毛藻类在种间竞争中处于优势，加以经常加注新水，控制水质，使鞭毛藻类占绝对优势。这些藻类都是滤食性鱼类容易消化的种类，而且水色的日变化大。而绿色水中滤食性鱼类不易消化的藻类占优势，其指标生物为绿藻门的小型藻体，这种水的生物组成类型不利于滤食性鱼类容易消化的藻类生长。

当然，在水体中投喂不同饲料和施入不同的肥料后，由于各种肥料所含养分有异，培育出的浮游生物种群和数量有差别，水体也会呈现不同的水色。例如，如果向池中施加适量的牛粪和马粪，池水即呈现浅红褐色；施入人粪尿，池水则呈深绿色；施加猪粪，池水呈酱红色；施加鸡粪，池水呈黄绿色；螺蛳投得多的池塘，水色呈油绿色；水草、陆草投得多的池塘，水色往往呈红褐色。因此可

19

以通过肥料（特别是有机肥料）的施加来达到改变水色、提高水质的目的，这也是池塘施肥养鱼的目的。

（2）看水色的变化　池水中鱼类容易消化的浮游植物具有明显的趋光性，形成水色的日变化。白天随着光照增强，藻类由于光合作用的影响而逐渐趋向上层，在 14：00 左右浮游植物的垂直分布十分明显，而夜间由于光照的减弱，池中的浮游植物分布比较均匀，从而形成了水体上午透明度大、水色清淡和下午透明度小、水色浓厚的特点。而鱼类不易消化的藻类趋光性不明显，其日变化态势不显著。另外，10～15 天池水水色的深浅也会交替出现。这是由于一种藻类的优势种群消失后，另一种优势种群接着出现，不断更新鱼类易消化的种类，池塘物质循环快，这种水称为"活水"，另一方面，由于受浮游植物的影响，以浮游植物为食的浮游动物也随之出现明显的日变化和月变化等周期性变化。这种"活水"的形成是水体稳产高产的前提，是一种优良水质。

（3）看下风油膜　有些藻类不易形成水华，或因天气、风力影响不易观察，可根据池塘下风处（特别是下风口的塘角落）油膜的颜色、面积、厚薄来衡量水质好坏。一般肥水下风油膜多、较厚、性黏、发泡并伴有明显的日变化，即上午比下午多，上午呈褐色或烟灰色，下午往往呈现绿色，俗称"早红夜绿"。油膜中除了有机碎屑外，还含有大量藻类。如果下风油膜面积过多、厚度过厚且伴着阵阵令人恶心的气味，甚至发黑变臭，则这种水体是坏水，应立即采取应急措施进行换冲水，同时根据天气情况，严格控制施肥量或停止投饵与施肥。

（4）看水华　在肥水的基础上，浮游生物大量繁殖，形成带状或云块状水华。水华是水域物理、化学和生物特性的综合反映而形成的。其实水华水是一种超肥状态的水质，一种浮游植物大量繁殖形成水华，就反映了该种植物所适应的生态类型及其对鱼类的影响，若继续发展，则对养鱼有明显的危害。因而水华水在水产养殖中应加以控制，人们总是力求将水质控制在肥水但尚未达到水华状态的标准上，但是，水华却能比较直观地反映浮游生物所适宜的水的理化性质、生物特点及它对鱼类生长、生存的影响与危害。水华看得清、捞得到、易鉴别，因此可以把它作为判断池塘水质的一个理想指标（表2-1）。

表 2-1　池塘常见指标生物和水华种类与水质的关系

水色	日变化	水华的颜色和形状	优势种群	主要出现时间	水质优劣与评判	备　注
红褐色	显著	蓝绿色云块状	蓝绿裸甲藻	5～11月	高产池，典型优良水质	积极培育并保持这种优良水质，以获取高产，一旦水质有恶化趋势立即处理
	显著	棕黄色云块状	光甲藻	5～11月		
	显著	草绿色云块状，深时呈黑色	膝口藻	5～11月		
	显著	酱红色云块状	隐藻	4～11月		
红褐色	有	翠绿色云块状	实球藻	春、秋	肥水、一般	
黄褐色	有	姜黄色水华	小环藻	夏、秋	肥水、良好	
黄褐色	不大	红褐色丝状水华	角甲藻	春	较瘦水质	在勤换水的基础上，配合施加无机、有机混合肥，以改良藻类的优势种群
深绿色	有	表层墨绿色油膜，性黏发泡	衣藻	春	肥水、良好	
深绿色	有	碧绿色水华，下风具墨绿色油膜	眼虫藻	夏	肥水、一般	
油绿色	有	下风表面具红褐色或烟灰色油膜、性黏	壳虫藻	5～11月	肥水、一般	

（续）

水色	日变化	水华的颜色和形状	优势种群	主要出现时间	水质优劣与评判	备 注
油绿色	不大	无水华、无油膜	绿球藻	5~11月	较老水质	
铜绿色	不大	表层铜绿色絮纱状水华，颗粒小、无黏性	微囊藻、颤藻	夏、秋	"湖淀水"、差	加大换冲水的力度，勤施追肥，量少次多，以有机肥、无机肥混合施用效果最佳
豆绿色	不大	表层豆绿色絮纱状水华，颗粒大、无黏性	螺旋颈圈藻	夏、秋	肥水、良好	
浅绿色	无	表层具铁锈色油膜、性黏	血红眼虫藻	夏、秋	"铁锈水"、瘦水、差	
灰白色	无	无	轮虫	春	"白沙水"、良好，但鱼易浮头	

二 种

"种"是指鱼苗的品质、规格、体质都是符合养殖要求的优良品种。"好种才有好收成"。池塘投放的优良鱼种要求放养数量足，规格大，品种齐全（指多品种混养鱼塘，实行单养的除外），体质健壮品质佳，要求抗病强，无带病情况，鱼体鳞片、鳍条完好无伤，苗种来源方便，食性广，生长快，肉味好。池塘所需鱼种应就地生产，就近运输，就近养殖，以提高成活率。

⚠【注意】 经长途运输的鱼种，身体消耗大，也往往容易因受伤而感染病菌，影响鱼种成活率。

三 饵

"饵"是指质量、适口性、数量及施肥培养能保证鱼类营养需求的天然饵料。精养鱼池取得高产的全过程，实质上是一个不断改善池水的理化条件和饵料条件的矛盾过程。在这一对矛盾中，一方面要求不断地为鱼类创造一个良好的生活环境，另一方面又要使鱼类不断得到量多质好的天然饵料和人工饲料。整个养殖管理的过程，就是在解决这对矛盾中进行的。概括地讲，在生产上对矛盾的两方面分别提出的要求是：水质要保持"肥、活、爽"，投饵要保证"匀、好、足"。

1. 科学供饵

饵料包括天然饵料和人工饲料，是成鱼高产稳产的物质基础。人工饲料成本往往占饲养总成本的50%以上，应特别讲究科学使用、合理投喂。要求供应质量好、数量足、来源广、价格低且无毒无害的饲料，同时要注意饲料的多样化。在现在的精养鱼塘中，由于采取高投入、高产量的养殖方式，因此要求我们在进行精养时，必须选用营养平衡、全面的全价配合饲料，这样的饲料养鱼，鱼长得快，产量高，品质好，养殖成本也低。投喂饲料要合理，按照"四看"和"五定"原则进行，做到"匀、好、足"，并以此控制水质。投喂量以鱼摄食八成饱即可。

2. 四看投饵

"四看"就是看季节、看天气、看水质、看鱼吃食和活动情况。

（1）**看季节** 就是要根据不同的季节调整鱼饵的投喂量，一年当中两头少，中间多，6~9月的投喂量要占全年的85%~95%。

（2）**看天气** 就是根据气候的变化改变投喂量，晴天多投，阴雨天少投，闷热天气或阵雨前停止投喂，雾天、气压低时待雾散开再投。

（3）**看水质** 就是根据水质的好坏来调整投喂量，水质好，水色清淡，可以正常投喂；水色过深，水藻成团或有泛池迹象时应停止投喂，并应加注新水，水质变好后再投喂。

（4）**看鱼吃食和活动情况** 就是根据鱼的状态来改变投喂量，这是决定投喂量最直观的依据。鱼活动正常，能够在1h内吃完投喂的饲料，次日可以适当增加投喂量，否则要减少投喂量。

3. 五定投饵

"五定"即定时、定位、定量、定质和定人。"五定"不能机械地理解为固定不变，而是根据季节、气候、生长情况和水环境的变化而改变，以保证鱼类都能吃饱、吃好，而又不浪费并防止污染水质。

（1）定时　每天投喂时间可选在早晨和傍晚 2 次投喂，低温或高温时可以只投喂 1 次。

（2）定位　饲料应投喂到饲料台，使鱼养成一定位置摄食的习惯，既便于鱼的取食，又便于清扫和消毒。

（3）定量　即根据鱼的体重和水温来确定日投喂量，根据"四看"原则进行调整。

（4）定质　就是要求饲料"精而鲜"，"精"要求饲料营养全面，加工精细，大小合适；"鲜"要求投喂的饲料必须保持新鲜清洁，没有变质，不含有毒成分，而且要在水中稳定性好，适口性好。现在市场上的渔用饲料品种较多，有些是鱼目混珠，低劣假冒，投入品监管力度尚欠缺，造成水产品的药残、激素超标，质量优劣不一。因此我们在选用饲料时一定要选择大品牌、有质量保障的饲料，如通威饲料、海大饲料、大江饲料等。

（5）定人　就是有专人进行投喂。

4. 保证投饵质量

（1）匀　表示一年中应连续不断地投以足够数量的饵料，在正常情况下，前后两次投饵量应相对均匀，相差不大。

（2）好　表示饵料的质量要好，要能满足鱼类生长发育的需求。

（3）足　表示投饵量适当，在规定的时间内鱼将饲料吃完，不使鱼过饥或过饱。

> ➡ **【提示】**　实践证明，保持水质"肥、活、嫩、爽"，不仅给予滤食性鱼类丰富的饵料生物，而且还给予鱼类良好的生活环境，为投饵达到"匀、好、足"创造有利条件。保持投饵"匀、好、足"，不仅使滤食性鱼类在密养条件下最大限度地生长，不易生病，而且使池塘生产力不断提高，为保持水质"肥、活、嫩、爽"打下良好的物质基础。

四 密

根据池塘条件，特别是水源条件、鱼种的数量、饵料肥料的供应、增氧设备和饲养管理水平，合理投放鱼种，适当增加放养密度，合理密养，使鱼种的放养密度既高又合理，以充分利用水体空间和饲料。合理密养能提高鱼产量，获得最佳经济效益。但在水源条件差，受干旱缺水威胁大的池塘，养殖密度则不宜过大，以免发生缺氧泛池事故，带来重大损失。

> ⚠ **【注意】** 在高效养殖中，我们还要摒弃一个错误观念，就是一味地过度追求高产量，超负载养殖，过高密度放养，而造成水域环境污染日趋严重，水产品质量下降，养殖病害频增，负效应急剧加大。

五 混

对不同生活习性、不同栖息习性、不同食性、不同年龄和规格的鱼类实行搭配混养，同池混养品种一般应为 4~5 个，有条件的可多达十几个，以立体利用水面和充分利用人工或天然的各种饵料，形成对水体和饲料的充分开发格局，使不同鱼类各栖其所，各摄其食，相得益彰。将上层、中上层、中下层和底层鱼搭配养殖，确定1~2种主养鱼，合理搭配放养其他鱼类，正确处理好吃食性鱼和滤食性鱼的关系。在提供"混"的条件时，我们要特别留心另一个"混"，就是混乱。现在有些养殖户在养殖结构调整中急功近利，导致品种混乱，监督管理不到位，最终造成规避市场风险、病害风险的能力下降，一旦发生意外，很可能会造成惨重的损失。

六 轮

根据不同品种，不同规格的生长规律，在饲养中期，分批捕大留小，轮捕轮放。可以一次放足，分次轮捕，也可以分次放养，分次轮捕。密养与混养关系密切，只有在实行多品种混养的基础上，才能提高池塘放养密度。混养充分发挥"水、种、饵"的生产潜力；密养以合理混养为基础，充分利用池塘水体和饲料，发挥鱼群的增产潜力；轮养是在混养密放的基础上，延长和扩大池塘养鱼的时间和空间，不仅使混养品种、规格进一步增加，而且使池塘在整个养殖过程中保持合理的密度，最大限度地发挥水体的生产潜力。

七 防

"防"本应是管中的内容之一，由于"防"在池塘养鱼中显得十分重要，因此"八字精养法"将其单列。这里的"防"，首先指的是鱼病的预防，同时也应当包含防洪、防缺氧泛池及防盗等。鱼病的预防与治疗，应认真贯彻"预防为主，防重于治"的方针，采取"有病早治，无病早防，全面预防，防重于治"的方法，避免或减少鱼因病死亡造成损失。鱼塘要注意进行彻底的清塘消毒，改善环境条件，经常保持鱼池清洁卫生，及时防病治病；还要做好鱼体消毒、饲料消毒、工具消毒。为了增强鱼的抗病能力，可对下塘鱼种注射疫苗预防疾病、施放微生物制剂等调节水质、投喂药物饲料等。

另一方面，现在渔用药物市场难以监控，药物残留检测设施不全。目前渔药采用的是兽药标准，监控的真空往往会导致养殖户为了片面追求产量而大量用药，最终导致用药过多过滥，养殖水产品药残超标，流入市场。

八 管

也就是精心管理，运用现代科学养鱼生产管理手段，实行精细全面的专人管理，科学养鱼。淡水鱼高效养殖是一项非常复杂的生产活动，牵涉到气候、水质、鱼类、管理等多种因素，因此管理水平的高低在一定程度上就成了决定生产成效的关键。其主要内容包括：

1. 建立档案

建立池塘档案，做好池塘记录，也是养鱼生产技术工作成果的记录，以便随时查阅。要想不断地提高养鱼水平，提高养殖效益，就必须对养鱼生产全过程进行精确记录，这种记录方式就是为鱼池建立档案。档案的内容包括各类鱼池鱼苗、鱼种、成鱼或亲鱼的放养数量、重量、规格、放养时间；轮捕轮放的品种、时间、数量、重量、价格等；每天投饵施肥的种类和数量；鱼类活动情况和水质变化情况等几个方面。最好要将这些档案定期汇总，为调整生产技术措施，总结生产经验，制定更加可靠的计划提供依据。这里列出几个表格（表2-2～表2-6）来说明一些档案管理的内容。

表2-2　鱼种放养记录表　　鱼池号　　　面积　　　亩

品种	放养日期（年 月 日）	规　格		放　养　量		平均亩放养量		放　养　比　例	
		体长/（cm/尾）	体重/（kg/尾）	数量/尾	重量/kg	数量/（尾/亩）	重量/（kg/亩）	尾数（%）	重量（%）

表2-3　生产情况记录表　　鱼池号　　　面积　　　亩

月	日	品种	检 查 情 况		平均数量/尾	平均体长/（cm/尾）	备注
			数量/尾	重量/（kg/尾）			

表2-4　日常管理记录表　　鱼池号　　　面积　　　亩

日期	时间	天气	气温/℃	水温/℃	水 质 指 标				水色	投饵情况	健康状况	用药情况	其他
					pH	溶氧量/（mg/L）	氨氮含量/（mg/L）	亚盐含量/（mg/L）					

表2-5　鱼病防治记录表　　鱼池号

月/日	水深/m	面积/亩	防治方法		鱼病症状	死亡情况			防治效果
			药品	数量		种类	数量/尾	重量/kg	

表2-6　出塘统计表　　鱼池号　　　面积　　　亩

月/日	出塘重量合计/kg	鲢鱼			草鱼			鲤鱼			其他
		规格/(kg/尾)	数量/尾	重量/kg	规格/(kg/尾)	数量/尾	重量/kg	规格/(kg/尾)	数量/尾	重量/kg	

2. 加强巡塘

坚持早、晚巡塘，观察鱼的吃食情况、活动情况、有无发病和泛池征兆等，及时防病治病，定期检查鱼体，以便发现问题，及时处置。

3. 加强池塘安全管理

抓紧清塘，提早放养，保持池塘清洁卫生，除渣去污，提高鱼的品质，减少鱼病的发生，确保水产品的食用安全。

4. 防止浮头

强化水质管理，做好水质调控；科学开动增氧机，防止缺氧造成浮头、泛池。同时应准备在无法补充新水时使用的增氧设备和药品等。

5. 安全度汛

检查拦鱼设施，做好池埂维护，控制最适水位，确保安全度过汛期。

6. 其他管理

加强对养殖活动其他条件的管理，例如对周围交通、社会环境的考察，必须具备养殖人员的居住、渔具、饵料、药械存放条件，同时要搞好邻里关系，防止有人为药鱼、偷盗和哄抢现象。

实践证明，以"水、种、饵"为物质基础，是水产养殖的基本条件。就像空气对于人的重要性一样，"水"是鱼最基本的生活条件，"种"是养鱼的物质条件。"长嘴就要吃"，作为水产动物，鱼是要吃食的，没有食物来源就无法满足鱼类新陈代谢的能量需求。因此有了良好的水环境，配备种质好、数量足、规格理想的鱼种，还必须有丰富价廉、营养高的饵料，才能养好鱼。由此可见，"水、种、饵"是养鱼的三个基本要素，是池塘养鱼的物质基础。一切养鱼技术措施，都是根据"水、种、饵"的具体条件来确定的，缺少了这三个基础条件，一切高产高效的养鱼都是空谈。三者密切联系，构成"八字精养法"的第一层次。

"混、密、轮"等养殖技术措施，是保证稳产高产的技术条件。混养是我国渔民在长期生产实践中总结出来的宝贵养鱼经验，他们在长期观察了鱼与鱼之间的相互关系后，巧妙地利用了它们互惠互利、适度调剂、共同生存的优势，尽可能限制或缩小它们争食、争空间、争氧气等不利因素，采取了将不同生活习性和食性互相不干扰、生活空间互相不竞争的鱼类混养在一起。它充分发挥了水体的空间优势，充分利用了天然的饵料资源，最大限度地提高了"水、种、饵"的生产潜力。"密"是根据混养的生物学基础——正确利用了各种鱼之间的关系，根据"水、种、饵"的具体条件，合理密养，充分利用池塘水体和饵料，发挥各种鱼类群体的生产潜力，达到高产和高效的目的。"轮"是在"混"和"密"的基础上，进一步延长和扩大池塘的利用时间和空间，不仅使混养种类、规格进一步增加，而且使池塘在整个养殖过程中始终保持合适的密度，不仅进一步发挥了水体的生产潜力，而且做到活鱼均衡上市，保证了市场的常年供应，提高了经济效益。由此可见，"混、密、轮"是池塘养鱼高产和高效的技术措施。三者密切联系，相互制约，构成"八字精养法"的第二层次。

虽然有了"水、种、饵"的物质基础，也运用了"混、密、轮"等先进技术措施，但仍然不能保证高产高效的养殖一定会获得成功，这就需要管理来配合。

掌握和运用这些物质和技术措施的主要因素是人，一切养鱼措施都要发挥人的主观能动性，只有充分发挥人的主观能动性，加强日常管理工作，通过"防"和"管"，综合运用这些条件和技术，不断解决施肥、投饵败坏水质、鱼发病或缺氧浮头、泛池与水质调控之间的各种矛盾，保持良好的水质，即实现池水的"肥、爽、活"，才能达到池塘养鱼高产、稳产、高效的目的。可见，"防"和"管"是池塘养鱼高产、高效的根本保证。"防"和"管"与其他6

个要素都有密切的联系，构成"八字精养法"的第三层次。

第二节　池塘主养淡水鱼

一　池塘要求

池塘是养殖鱼栖息、生长和繁殖的环境，许多增产措施都是通过池塘水环境作用于鱼类，故池塘环境条件的优劣，直接关系到鱼产量的高低。

良好的池塘条件是高产、优质、高效生产的关键之一。饲养食用鱼的池塘条件包括池塘位置、水源和水质、面积、水深、土质及池塘形状与周围环境等。在可能的条件下，应采取措施，改造池塘，创造适宜的环境条件以提高池塘鱼产量。

1. 位置

淡水鱼品种不同，对池塘条件要求不一样，一般养殖四大家鱼的池塘或农村的小水塘、沟渠都可以养殖大部分淡水鱼品种。但是为了取得高产和较高的经济效益，还是要选择水源充足、注排水方便、无污染、交通方便的地方建造鱼池。这样既有利于注排水，也方便鱼种、饲料和成鱼的运输。

2. 水质

水源以无污染的江河、湖泊、水库水最好，也可以用自备机井提供水源，水质要满足渔业用水标准，无毒副作用。

3. 面积

淡水鱼的养殖面积可大可小，一般为 10 亩，最大不超过 30 亩，高产池塘要求配备 1 ~ 2 台 1.5kW 的叶轮式增氧机。这样面积的成鱼饲养池既可以给淡水鱼提供相当大的活动空间，也可以稳定水质，不容易发生突变，更重要的是表层和底层水能借风力作用不断地进行对流和混合，改善下层水的溶氧条件。如果面积过小，那么水环境就不太稳定，并且占用堤埂多，相对缩小了水面。但是如果面积过大，投喂饵料不易全面照顾到，就会导致吃食不匀，影响成鱼的整体规格和效益。

4. 水深

池塘主养淡水鱼是一种新品种的精养方式，因此对池塘的容量

是有一定要求的，根据生产实践的经验，成鱼饲养池的水深应在
1.5～2m之间，有的品种还要求精养鱼池常年水位保持在2.0～
2.5m。这是因为达到这种水深的池塘容积较大，水温波动较小，水
质容易稳定，可以增加放养量，提高产量。但是池水也不宜过深，
如果用山谷型水库来改造成为精养鱼塘就不合适，这是因为这种池
塘的水位一般都达到4m以上，深层水中光照度很弱，光合作用产生
的溶氧量很少，浮游生物也少。

5. 土质

土质要求具有较好的保水、保肥、保温能力，还要有利于浮游
生物的培育和增殖，根据生产的经验，饲养鲤科鱼类池塘的土质以
壤土最好，黏土次之，沙土最劣。池底淤泥的厚度应在10cm以下。
池底还应挖2～3条深沟，便于干塘时捕捞。

6. 池塘形状和周围环境

池形整齐，一般是以长方形为好，东西走向，池底向排水口倾
斜2～3°，池底无水草丛生。周围最好不要有高大的树木和其他的建
筑物。堤埂较高较宽，大水不淹，天旱不漏，旱涝保收，并有一定
的青饲料种植面积。

7. 池底类型

鱼池池底一般可分为3种类型：第一种是锅底型；第二种是倾
斜型；第三种是龟背型。其排水捕鱼十分方便，运鱼距离短。

8. 池塘改造

如果鱼池达不到上述要求，就应加以改造。改造池塘时应按上
述标准要求，采取小池改大池、浅池改深池、死水改活水、低埂改
高埂、狭埂改宽埂。在池塘改造的同时，要同时做好进排水闸门的
修复及相应进水滤网、排水防逃网的添置，另外养殖小区的道路修
整、池塘内增氧机线路的架设及增氧机的维护、自动饵料饲喂器的
安装和调试等工作也要一并做好。

二 池塘的清整

池塘是鱼类生活的地方，池塘的环境条件直接影响到鱼类的生
长和发育，可以这样说，池塘清整是改善养鱼环境条件的一项重要
工作。

1. 池塘清整的好处

定期对池塘进行清整（图2-1），从养殖的角度上来看，有6个好处。

图2-1　池塘清整

① 提高水体溶解氧。池塘经1年的养鱼后，底部沉积了大量淤泥，一般每年沉积10cm左右。如果不及时清整，淤泥越积越厚，池塘淤泥过多，水中有机质也多，大量的有机质经细菌作用氧化分解，消耗大量溶氧，使池塘下层水处于缺氧状态。在池塘清整时把过量的淤泥清理出去，就人为地减轻了池塘底泥的有机耗氧量，也就是提高了水体的溶解氧。

② 减少鱼得病的机会。淤泥里存在各种病菌，另外淤泥过多也易使水质变坏，水体酸性增加，病菌易于大量繁殖，使鱼体抵抗力减弱。通过清整池塘能杀灭水中和底泥中的各种病原菌、细菌、寄生虫等，减少鱼类疾病的发生概率。

③ 杀灭有害物质。通过对池塘的清淤，可以杀灭对鱼类尤其是幼鱼有害的生物如蛇、鼠和水生昆虫，争食的野杂鱼类如鲶鱼、泥鳅、乌鳢等。

④ 起到加固堤埂的作用。养殖1年的池塘，在波浪的侵蚀下，有的塘埂被掏空，有的塘基出现崩塌现象。在清整池塘的同时，可以将池底周围的淤泥挖起放在堤埂或堤埂的斜坡上，待稍干时应贴在堤埂斜坡上，拍打紧实，可以加固池埂，对崩塌的塘基进

行修整。

⑤ 增大了蓄水量。当沉积在池塘底部的淤泥得到清整后，池塘的容积就扩大了一些，水深也增加了，池塘的蓄水量也就增加了。

⑥ 可以解决鱼类的部分青饲料。在清塘时，富含有机质的淤泥堆积在塘埂上，可以在塘埂上移栽苏丹草、黑麦草或青菜等，作为鱼类的青饲料。另一方面，青饲料的草根也有固泥护坡作用，减少了池坡和堤埂的崩坍现象。

2. 池塘清整的时间

池塘清整最好是在春节前的深冬进行，可以选择冬季的晴天来清整池塘，以便有足够的时间进行池底的曝晒。

3. 池塘清整的方法

新开挖的池塘要平整塘底，清整塘埂，使池底和池壁有良好的保水性能，尽可能减少池水的渗漏。

旧塘要在池鱼起捕后先将池塘里的水排干净，注意清除塘边的杂草，然后将池底在阳光下暴晒 1 周左右，等池底出现龟裂时，可挖去过多的淤泥，用塘泥来加固池埂，修补裂缝，并用铁锹或木槌打实，防止渗水和漏水，为下一年的池塘注水和放养前的清塘消毒做好准备。

三 池塘的消毒

清塘的目的是为了消除养殖隐患，是健康养殖的基础工作，对种苗的成活率和生长健康起着关键作用。清塘消毒至关重要，类似于建房打基础，地基打得扎实，高楼才能安全稳固，否则就有可能酿成"豆腐渣"工程的悲剧。养鱼也一样，基础细节做得不扎实，就会增加养殖风险，甚至造成严重亏本的后果。清塘消毒的药物选择和使用方法如下：

1. 生石灰清塘

（1）干法清塘 在修整鱼塘后，鱼种放养前 20~30 天，排干池水，保留水深为 5cm 左右，并不是要把水完全排干，在池底四周和中间多选几个点，挖成一个个小坑，小坑的面积约 2m² 即可，小坑的多少，以能泼洒遍及全池为限。将生石灰倒入小坑内，用量为每亩池塘 40kg 左右，加水后生石灰会立即溶化成石灰浆水，同时会放出大量的烟气并发出咕嘟咕嘟的声音，这时要趁热向四周均匀泼洒，池塘的堤岸、边缘和鱼池中心及洞穴都要洒遍。为了提高消毒效果，第2天可用铁耙再将池底淤泥耙动一下，使石灰浆和淤泥充分混合，否则泥鳅、乌鳢和黄鳝钻入泥中杀不死。然后再经3～5天晒塘后，灌入新水，经试水确认无毒后，就可以投放鱼种。

（2）带水清塘　对于那些排水不方便的池塘或者为了赶时间时，可采用带水清塘的方法。这种消毒措施速度快，效果也好。缺点是石灰用量较多。

鱼种投放前15天，每亩水面水深50cm时，用生石灰150kg放入大木盆、小木船、塑料桶等容器中化开成石灰浆水，操作人员穿防水裤下水，将石灰浆全池均匀泼洒（包括池坡），鱼沟处用耙翻一次，用带水清塘法虽然工作量大一点，但它的效果很好，可以把石灰水直接灌进池埂边的鼠洞、蛇洞、泥鳅和鳝洞里，彻底地杀死病害（彩图2-1）。

还有一种方法就是将生石灰盛于箩筐中，悬于船后，沉入水中，划动小船在池中来回缓行，使石灰溶浆后散入水中。

2. 漂白粉清塘

（1）带水消毒　和生石灰消毒一样，漂白粉消毒也有干法消毒和带水消毒两种方式。

在用漂白粉带水清塘时，要求水深0.5～1m，漂白粉的用量为每亩池面用10～15kg。漂白粉清塘操作方便，省时省力，先在木桶或瓷盆内加水将漂白粉完全溶化后，全池均匀泼洒，也可将漂白粉顺风撒入水中，然后划动池水，使药物分布均匀，一般用漂白粉清池消毒后3～5天即可注入新水和施肥，再过2～3天后，就可投放鱼种进行饲养。

（2）干法消毒　在漂白粉干塘消毒时，用量为每亩池面用5～8kg，使用时先用木桶加水将漂白粉完全溶化后，全池均匀泼洒即可。

3. 生石灰、漂白粉交替清塘

有时为了提高效果，降低成本，就采用生石灰、漂白粉交替清塘的方法，比单独使用生石灰或漂白粉清塘效果好。这种方法也分为带水消毒和干法消毒两种。

（1）带水清塘 水深 1m 时，每亩用生石灰 60 ~ 75kg 加漂白粉5 ~ 7kg。

（2）干法清塘 水深在 10cm 左右，每亩用生石灰 30 ~ 35kg 加漂白粉 2 ~ 3kg，化水后趁热全池泼洒。使用方法与前面两种相同，7 天后即可放鱼种，效果比单用一种药物更好。

4. 漂白精消毒

（1）干法消毒 排干池水，每亩用有效氯占 60% ~ 70% 的漂白精 2 ~ 2.5kg。

（2）带水消毒 每亩每米水深用有效氯占 60% ~ 70% 的漂白精 6 ~ 7kg，使用时，先将漂白精放入木盆或搪瓷盆内，加水稀释后进行全池均匀泼洒。

5. 茶粕清塘

茶粕是广东和广西常用的清塘药物。它是山茶科植物油茶、茶梅或广宁茶的果实榨油后所剩余的渣滓，形状与菜饼相似，又叫茶籽饼。茶粕含皂甙，是一种溶血性毒素，能溶化动物的红细胞而使其死亡。水深 1m 时，每亩用茶粕25kg。将茶粕捣碎成小块，放入容器中加热水浸泡 24h，然后加水稀释，连渣带汁全池均匀泼洒。在消毒 10 天后，毒性基本上消失，就可以投放鱼种进行养殖。

⚠ **【注意】** 在选择茶粕时，应尽可能地选择黑中带红、有刺激性、很脆的优质茶粕，这种茶粕的药性大，消毒效果好。

6. 氨水清塘

氨水是一种挥发性的液体，一般含氮 12.5% ~ 20%，是一种碱性物质，当它泼洒到池塘里时，能迅速杀死水中的鱼类和大多数的水生昆虫。使用方法是在水深 10cm 时，每亩用量 60kg。在使用时要同时加 3 倍左右的塘泥，目的是减少氨水的挥发，防止药性消失过快。一般在使用 1 周后药性基本消失，这时就可以放养鱼种了。

7. 二氧化氯清塘

二氧化氯消毒是近年来才渐渐被养殖户所接受的一种消毒方式，它的消毒方法是先引入水源后再用二氧化氯消毒，用量为每米水深

10～20kg/亩，7～10天后放苗，该方法能有效杀死浮游生物、野杂鱼虾类等，防止蓝绿藻大量滋生，放苗之前一定要试水，确定安全后才可放苗。值得注意的是，由于二氧化氯具有较强的氧化性，加上它易爆炸，容易发生危险事故，因此在储存和消毒时一定要做好安全工作。

> **【提示】** 上述的清塘药物各有其特点，可根据具体情况灵活掌握使用。使用上述药物后，池水中的药性一般需经7～10天才能消失，放养鱼种前最好"试水"，确认池水中的药物毒性完全消失后再行放种。

四 盐碱地鱼池改造

除上述淡水淡土的鱼池外，我国东北、华北、西北及沿海河口还有面积广阔的盐碱地。这些土地一般不适宜农作物的生长，甚至寸草不生，而经改造后，即可挖塘养鱼。经过若干年的养鱼，这些土地完全或基本淡化后，根据需要还可以改为农田。目前，利用盐碱地发展池塘养鱼，已成为我国改造盐碱地的重要措施。

生产上可采取以下措施来改造盐碱地鱼池：首先是在建池时必须通电、通水、通路，挖池和修建排灌渠道要同步进行，能够保证引入淡水逐渐排除盐碱水，同时也有利于经常加注淡水，排出下层咸水。其次是施足有机肥料，以有机肥为主要肥源，尽量不用化肥，在清整鱼池时，忌用生石灰清塘，经过3年的处理后，能够促使"生塘"变为"熟塘"。再次就是改造盐碱水质必须与改造土质同步进行。采用上述措施，开挖1年的盐碱地池塘水的盐度可由4‰下降到2‰～2.53‰，2年后池塘盐度下降到1.5‰～2‰，3年后池塘盐度下降到1.3‰～1.5‰，达到大部分淡水鱼养殖的条件。

五 肥水培藻

1. 肥水培藻的重要性

在池塘养殖淡水鱼中，鲢鱼、鳙鱼和鲮鱼等肥水性鱼类终身以滤食水体中的浮游生物为主，另外，对于几乎所有的鱼的幼苗期的培育，也离不开浮游生物，因此肥水培藻现在已经成为淡水鱼养殖中的一个重要内容。肥水培藻的实质就是在放养鱼苗前通过施基肥来达到让水肥起来的目的，同时用来培育有益藻相，也就是鱼类爱吃的益生藻群，这对于培育鱼苗和养殖滤食性鱼类的鱼来说是至关重要的。因为鱼苗鱼种下塘时，尤其是小规格苗种下塘时，其食性在一定程度上还依赖于水体的活饵料。

良好的藻相具有 3 个方面的作用。①良好的藻相能有效地起到解毒和净水的作用，主要是有益藻群能吸收水体环境中的有害物质，起到净化水体的效果。②有益藻群可以通过光合作用，吸收水体内的二氧化碳，同时向水体里释放出大量的溶解氧，可以有效地解决精养鱼池缺氧的问题。③有益藻类自身或者是以有益藻类为食的浮游动物，都是鱼种喜食的天然优质饵料。

> ➡ 【提示】 生产实践表明，水质和藻相的好坏，会直接关系到鱼类对生存环境的应激反应。如果鱼类生活在水质爽活、藻相稳定的水体中，水体里面的溶氧和 pH 通常是正常稳定的，而且在检测时，会发现水体中的氨氮、硫化氢、亚硝酸盐、甲烷、重金属等一般不会超标，鱼儿在这种环境里才能健康、快速生长，才能减少疾病带来的损失。反之，如果水体里的水质条件差，藻相不稳定，那么水中有毒有害的物质就会明显增加，同时水体中的溶氧偏低，pH 不稳定，会直接导致鱼类容易应激生病。

2. 培育优良的水质和藻相的方法

培育优良的水质和藻相的方法的关键是施足基肥，如果基肥不施足，肥力就不够，营养供不上，藻相活力弱，新陈代谢的功能低下，水质容易清瘦，不利于鱼苗、鱼种的健康生长，当然鱼也就养不好，这是近几年来很多成功的养殖户用自己的辛苦钱摸索出来的经验。

以前肥水培藻基本上都是用施加有机肥或无机肥来实现的，在鱼种下塘前 5~7 天注入新水，注水深度为 40~50cm。注水时应在进水口用 60~80 目绢网过滤，严防野杂鱼、小虾、卵和有害水生昆虫进入。基肥为腐熟的鸡、鸭、猪和牛粪等，施肥量为每亩 150~200kg。施肥后 3~4 天即出现轮虫的高峰期，并可持续 3~5 天。以后视水质肥瘦、鱼苗生长状况和天气情况适量施追肥。

现在也是通过肥料来实施肥水培藻的目的，但是市场上已经出现了一些生化肥料，效果更好，具有施肥量少，水质保持时间长，藻相稳定的优点，建议广大养殖户可以考虑使用生化肥料，具体的用量和用法请咨询各地的渔药店。

勤施追肥保住水色是培育优良水质和藻相的重要技巧，可在投种后1个月的时间里勤施追肥，追肥可使用市售的专用肥水膏和培藻膏。具体用量和用法是这样的，前10天，每3~5天追一次肥，后20天每7~10天追一次肥，在施肥时讲究少量多次的原则，这样做既可保证藻相营养的供给，也可避免过量施肥造成浪费，或者导致施肥太猛，水质过浓，不便管理。

六 鱼种放养

鱼种既是食用鱼饲养的物质基础，也是获得食用鱼高产的前提条件之一。优良的鱼种在饲养中成长快，成活率高。饲养上要求鱼种数量充足、规格合适、种类齐全、体质健壮、无病无伤。

1. 鱼种来源和鱼池安排

池塘放养的鱼种主要应由养鱼单位自己培育，就地供应。这样既能做到有计划地生产鱼种，在种类、质量、数量和规格上满足放养的需要，也降低了成本，又能避免因长途运输鱼种而造成鱼体伤亡，或者带回病菌以致放养后发生鱼病，降低成活率，助长鱼病的传播蔓延。

生产鱼种有以下几个途径：

（1）鱼种池专池培育 专池培育鱼种是解决鱼种的主要途径，但由于近几年来不断提高食用鱼饲养池的放养密度，单靠专池培育鱼种已无法适应食用鱼饲养池放养的需要。专塘培育的1龄鱼种，其重量占本塘总放养鱼种重量的40%~70%。

（2）食用鱼饲养池中套养鱼种 食用鱼饲养池套养鱼种，不仅能节约鱼种培育池面积，而且可以充分挖掘食用鱼饲养池的生产潜力，并能提高鱼种规格、节约劳力和资金，故这种饲养方式又称"接力式"饲养。

成鱼池套养鱼种的优点首先是挖掘了成鱼的生产潜力，培养出一大批大规格鱼种。其次是淘汰 2 龄鱼种池，扩大了成鱼池面积。此外还提高了 2 龄青鱼和 2 龄草鱼鱼种的成活率，节约了大量鱼种池，节省了劳力和资金。

套养淡水鱼种的食用鱼饲养池中，主要是以饲养鲢、鳙、鲂、草鱼为主，套养鱼种占本塘放养鱼种总重量的 8% ~ 10%。一般每亩放 8.3 ~ 10cm 大规格鲢鱼夏花 1000 ~ 1200 尾；鳙鱼亩放 600 ~ 750 尾，鲢、鳙鱼成活率可达 85% 以上，淡水鱼的套养密度为每亩 300 ~ 400 尾。

（3）食用鱼饲养池中留塘鱼种 食用鱼饲养池由于是高密度饲养，出塘时有 90% 以上的养殖鱼类达到上市商品规格，有 10% 左右的鱼转入第二年养殖。这部分留塘鱼种，第二年可提前轮捕上市，这既能繁荣市场，又能增加收入，提高经济效益，是食用鱼养殖放养模式中不可缺少的部分。

2. 放养规格和密度

鱼种规格大小是根据食用鱼池放养的要求所确定的。通常仔口鱼种的规格应大，而老口鱼种的规格应偏小，这是高产的措施之一。

（1）苗种放养的规格 苗种规格的大小，直接影响淡水鱼池塘养殖的产量。一般认为，放养大规格鱼种是提高池塘鱼产量的一项重要措施。苗种放养的规格大，相对成活率就高，鱼体增重大，能够提高单位面积产量和增大成鱼出池规格。

（2）苗种放养的密度 合理的放养密度，要根据池塘的条件、饲料和肥料供应情况、鱼苗的规格和饲养水平等因素来确定。凡水源充足、水质良好、进排水方便的池塘，放养密度可以适当增加，配备有增氧机的池塘可比无增氧机的池塘多放。大规格的苗种要少放，小规格的苗种要多放。饲料来源容易则多放，反之则少放。第一次养鱼时，为慎重起见，宜少放。配备有增氧机、进排水方便、饲料供应充足的精养池塘，放养量还可以增加。在正常养殖情况下，每亩放养 8 ~ 10cm 的鱼种 1000 ~ 1500 尾，饲养 5 个月，每尾可达 1500g，一般每亩产 1500kg，高的可达 2000kg。在北方地区适宜放养规格为 100 ~ 150g 的大规格鱼种，以确保当年成鱼规格达到 1500g 左右。

3. 放养时间

提早放养鱼种是争取高产的措施之一。长江流域一般在春节前放养完毕,东北和华北地区可在解冻后,水温稳定在 5～6℃ 时放养。近年来,北方条件好的池塘已将春天放养鱼种改为秋天放养鱼种,鱼种成活率明显提高。鱼种放养必须在晴天进行。严寒、风雪天气不能放养,以免鱼种在捕捞和运输途中冻伤。

4. 鱼种放养的注意事项

① 下塘的苗种规格要整齐,否则会造成苗种生长速度不一致,大小差别较大。

② 下塘时间应当选在池塘浮游生物数量较多的时候。

③ 下池前要对鱼体进行药物浸洗消毒(水温在 18～25℃ 时,用 10～15g/m³ 的高锰酸钾溶液浸洗鱼体 15～25min),杀灭鱼体表的细菌和寄生虫,预防鱼种下池后被病害感染。

④ 下塘前要试水,两者的温差不要超过 2℃,温差过大时,要调整温差。

⑤ 下塘时间最好选在晴天进行,阴天、刮风下雨时不宜放养。

⑥ 搬运时的操作要轻,避免碰伤鱼体。

⑦ 使用的工具要求光滑,尽量避免使淡水鱼体受伤。鱼种放养情况记录在如表 2-7 所示的表格中。

表 2-7　放养情况登记表

池　号	面积/亩	水深/m	放养时间	品种	规格/ (cm/尾)	数量/尾	密度/ (尾/亩)

七　施肥与投饵

在密养条件下,要使鱼类得到充足的食物而正常生长,就必须大量施肥和投喂人工饵料。施肥与投饵是高产、高效渔业最根本的技术措施之一。

1. 施肥

单养淡水鱼的池塘，放养前施放底肥。每亩施粪肥或绿肥300kg，鱼种入池后每隔 2～3 天追肥 1 次，每亩施肥量 100～150kg，或每周 1 次，每亩施肥 200～300kg。投喂油粕类、麸皮或配合饲料，日投喂量为池中鱼总重的 2%～3%，上下午各喂 1 次。5 月间水温低，鱼种刚下塘时应少喂，7～9 月水温高，鱼食欲旺盛应多喂。淡水鱼的成鱼塘要求水质肥沃、透明度在 25～30cm 之间，要经常看水追肥。如果透明度低到 20cm 左右，水呈乌黑色，表明水质已经趋于恶化，则要及时加注新水。施肥前如水质已较老，应先灌注新水，防止水质过肥恶化。

2. 投饵

由于池塘采用精养方式，除了施肥为鱼类解决部分天然饵料外，其他的饵料则全部由人工投喂的各种饲料（主要是配合饲料）来满足，因此一般精养鱼池的全年支出中，饲料费用要占到 70% 左右，对于一个养殖户来说，要提高养殖效益，如何选择和利用好饲料，是很重要的。

（1）投饵量的计算 为了做到有计划地生产和筹措资金，确保饲料及时投喂，养殖户一般在年初就要进行投饵量的计算，然后再选择信誉可靠、长期合作、质优价廉的饲料厂，及时购买饲料。

1）全年投饵量的计算。一个养殖户或渔场可能有多个养殖池，也可能饲养多种鱼类，也可能是虾蟹类，而且它们的规格也各不相同，因此要分门别类地编制不同品种、规格的饲料全年用料计划。例如，某种饲料的全年用量 = 投饵鱼的单位面积产量 × 该饲料所占的比例 × 该饲料的饵料系数。其中单位面积产量是根据往年的产量、养殖水平、管理能力及池塘条件等来综合评定。饲料所占的比例也就是除去天然饵料、投喂的青饲料外，全部依靠人工投喂的颗粒饲料百分比，例如精养鲤鱼时就是 100%，而饲养草鱼时，有青饲料来源时，可以用 80% 左右，如果没有青饲料，则是 100%。饲料的饵料系数常见的为 1.5～2.5。

2）月投饵量的计算。为了方便管理，管理好的养殖场或养殖户都是根据不同的季节采用不同的投喂量的，这是因为不同的季节，水温不同，鱼的摄食能力和摄食欲望也不相同，当然投喂的量也不相同。月投饵量的确定，可以根据确定下的全年饲料计划用量，然后参照当地平均气温、水温、水质、鱼虾蟹的品种及生长和历年的养殖经验来确定。一般说来，从春节后，基本上是随着水温的升高，投喂量逐月增多；当夏季以后，随着水温的降低，投喂量逐月减少。这里提供一个大概的月投饵量的百分比（表2-8）。

表2-8 月投饵量

月　　份	3	4	5	6	7	8	9	10	11
饲料比例（%）	1	2	5	14	30	30	12	5	1

3）日投饵量的确定。为了达到精细管理的效果，可以把每个鱼池的全年用料先化解成每月的用料，然后再进一步细化到每日的投饵量，这样就可以非常准确地实行计划用料、科学投饵了。

日投饵量的确定，是在月投饵量的基础上分上、中、下旬安排，具体推算方法是：本月中旬和上月下旬的投饵量之差的一半，加上中旬时的投饵量，就是下旬的投饵量；中旬的投饵量减去差数，就是上旬的投饵量。从9月开始，上、下旬正好相反推算，也就是说随着水温的下降，投饵量逐减。然后将每旬计算出来的投饵量再除以10（10天为一旬），就可以得出每天的投饵量。

具体的日投饵量，还要根据当时的天气与雨水情况、鱼类吃食情况、池塘中的溶解氧和透明度、水温等，及时加以调整。

（2）投饵率的计算 根据试验和长期生产实践得出不同种类和规格的鱼类在不同水温条件下的最佳投饵率，然后根据水体中实际载鱼量求出每日的投饵量，其中实际投饵率经常要根据饲料质量及鱼类摄食情况进行调整。水体中载鱼量是指某一水体中养殖的所有鱼类的总重量，一般可用抽样法估测。抽样法操作过程如下：首先从水体中随机捕出部分鱼类，记录尾数并称出总重量，求出平均尾重，然后根据日常记录，从放养时的总尾数减去死亡尾数得出水体中现存的鱼尾数，用此尾数乘以平均尾重即可估测出水体中的载鱼量。鱼类的投饵率的影响因素很多，实际工作中要灵活掌握。

首先是不同的水温条件下，投饵率有一定差别。例如在池塘中养殖翘嘴红鲌时，它们的投饲率在不同的水温条件下有所差别（表 2-9）。

表 2-9　池塘养殖翘嘴红鲌投饲率表

水　温	投饲率（%）
20℃以下	0.5
20 ~ 22℃	0.5 ~ 1.0
22 ~ 25℃	1.0 ~ 2.0
25 ~ 28℃	2.0 ~ 3.0
28 ~ 32℃	3.0 ~ 5.0

其次是不同规格的淡水鱼，它们的投饲率也有一定的差别，例如不同规格鲫鱼的投饲率，见表 2-10。

表 2-10　鲫鱼不同规格的投饲率（%）

规格/（g/尾）	水　温			
	15 ~ 18℃	18 ~ 22℃	22 ~ 28℃	28 ~ 32℃
小于 100	3	4	6	4
100 ~ 250	3	4	5	3
250 ~ 500	2.5	3.5	4	2
500 以上	2	3	3.5	1

颗粒饲料的投喂量是根据以上原则确定的，以冰鲜鱼或鲜鱼作为饵料时，鱼糜的日投量为存塘鱼重量的 8% ~ 10%；鱼块的日投喂量为存塘鱼重量的 5% ~ 8%，一般以 1h 吃完为宜。

（3）投饵技术

1）没有投饵机的池塘，投喂饲料要沿塘边浅滩四周泼洒，以便池鱼均能吃到食料，并做到定时、定量和定点。还要经常添喂青饲料，增加食物的多样性，以促进生长，节约成本。

2）有自动投饵机的池塘，可以调整好时间让机器自动喷射、自动停止，更加方便快捷。

3）驯饵。这对有无投饵机关系不大，有投饵机的如果经过驯饵后，鱼会及时地集中到投饵机下抢食，没有投饵机时，可以改变传统池塘喂鱼方法，在固定的投饵地点，采取一把一把地抛撒投喂，目的就是要对鱼类进行集中上浮水面抢食习惯的训练。在采取定点定时投喂时，可以采取敲水桶、泼水、吹哨、拍打喂鱼台木板等，发出声响或振动，让鱼感觉到这是有食可吃了，一般经过 10 天左右的驯饵，鱼就可以形成条件反射，一有声响就会汇集到投饵点等候抢食。

> 【提示】 根据养殖经验，鲤鱼是最容易驯饵的，草鱼、鲂鱼次之，青鱼喂养难驯饵，另外幼鱼比鱼种好训练，鱼种比成鱼好训练。

八 科学增加水体溶解氧

1. 淡水鱼类对氧气的要求

鱼谚有"白天长肉，晚上掉膘"，这是十分形象化的解说。就是说在精养池塘里，白天在人工投喂饲料的条件下，鱼可以吃得好，长得壮，但是由于密度大，其他有机耗氧量也大，导致水体里氧气不足，这时鱼就会消耗身上的肉，这就说明水体里的溶解氧对淡水鱼的增养殖是多么重要。

我国渔业水质标准规定，16h 以上水体的溶氧必须大于 5mg/L，其余任何时候的溶氧不得低于 3mg/L。我国湖泊、水库等大水体的溶解氧平均检测值大多在 7.0mg/L 以上。特别是在水库中，因为库水经常交换及不同程度地流动，所以水库水的溶氧充足、稳定而且变化小，分布也较均匀，已成为水库溶氧的特点。对于湖泊、水库等大水面，溶解氧并不是养鱼的主要矛盾，而对于池塘等静水小水体，溶解氧的多少往往是鱼类生长的主要限制因素。

2. 池塘溶氧的补给与消耗

（1）池塘溶氧的补给 池塘溶氧的补给来源主要是水生植物光合作用所产生的氧气及大气的自然溶入。如果池塘还缺氧的话，那就必须依靠其他外源性氧气的补充，如池塘换水的增氧作用、增氧机的增氧作用或化学药品的放氧作用。在精养鱼池中，浮游植物光合作用产生大量的氧气，在水温较高的晴天，池水中浮游植物光合作用产氧量占24h溶氧总收入量的90%左右，因此，可以这样说，在养殖时最经济最高效的溶解氧还是来自于池塘内部浮游生物的光合作用，当然光合作用产生的氧气的量的大小受光照的强度和水温的高低影响。

大气中氧气在水中溶解量的大小主要受空气和水体的流动、水温、盐度、大气压等影响而变化，主要表现为：随着水温的升高而下降；随着盐度的增加呈指数下降；大气压降低，溶解氧减少；水体流动性增加则溶解氧增加；空气流动性增加则水中溶解氧增加。但总的来说，大气中扩散溶入水中的氧气是很少的，仅占10%左右，特别是在静水中，大气中的氧气只能溶于水的表层，而且大气中的氧气溶入池塘水中，主要在表层溶氧低的夜间和清晨进行。

在光照很好的白天，水生植物光合作用产生的氧气通常使上层水体的溶解氧达到过饱和，此时即使开动增氧机也不能使空气中的氧气溶解于水体之中。此时开动增氧机的作用是使上下水层的溶解氧进行调和。白天池塘底层溶解氧较低、上层水体因水生植物的光合作用产生氧气而溶解氧通常处于过饱和状态。这样，在白天的下午适当开1～3h的增氧机使上下水层的溶解氧进行调和是非常必要的，而在太阳下山后的傍晚为了避免水中的氧气溢出切忌开动增氧机。

（2）池塘水体溶解氧的消耗　池塘溶解氧的消耗主要分为3部分。

① 水中浮游生物的呼吸作用，例如在没有光线时夜间水草和浮游植物不但不再进行光合作用，而且需要呼吸氧气来维持生命的活动。我们所养殖的淡水鱼，包括虾蟹的呼吸作用，也是需要以消耗氧气为代价的，鱼类耗氧量并不高，在水温30℃时，鱼类耗氧量占24h总支出的20%左右。

② 水中有机物在细菌的作用下进行的氧化分解过程，这种氧化分解是需要消耗大量的氧气的，俗称"水呼吸"，据科研人员研究，这种耗氧要占24h溶氧总支出的70%以上。另外还有池塘底部淤泥的耗氧，塘泥的理论耗氧值虽高，但由于池塘下层水缺氧，故实际耗氧量很低，绝大部分理论耗氧值以氧债形式存在。塘泥的实际耗氧量与底层水的溶氧条件呈正相关。

③ 从水面表层自然散逸出去的氧气，尤其是在晴天白天的11：00～

17：00，上层过饱和溶氧向空气逸出的数量占 24h 溶氧总支出的 10% 左右。

3. 溶解氧对鱼类的影响

（1）溶解氧的作用 就像水对人的重要性一样，氧气是鱼类赖以生存的首要条件。湖泊、水库、河流及粗养的鱼池等水体，一般不存在缺氧问题。但对于池塘尤其是精养鱼塘来说，在池塘的生态系统中，水中的溶解氧的多少是水质好坏的一项重要指标。在正常施肥和投饵的情况下，水中的溶氧量不仅会直接影响鱼类的食欲和消化吸收能力，而且溶氧关系到好气性细菌的生长繁殖。在缺氧情况下，好气性细菌的繁殖受到抑制，从而导致沉积在塘底的有机物（动植物尸体和残剩饵料等）被厌气性细菌所分解，生成大量危害鱼类的有毒物质和有机酸，使水质进一步恶化。充足的溶氧量可以加速水中含氮物质的硝化作用，使对鱼类有害的氨态氮和亚硝酸态氮转变成无害的硝酸态氮，为浮游植物所利用。促进池塘物质的良性循环，起到净化水质的作用。

> **【提示】** 必须通过各种途径来及时补充水体里的溶解氧，来满足鱼类的需求，这些途径有换水、机械增氧、化学增氧等。

（2）淡水鱼对溶氧的需求 鱼类对氧的需求在不同的种类和同种鱼不同的生长发育阶段有很大的差异。根据对溶解氧的需求量的大小，淡水鱼类可以分为四个类群：需氧量极高的鱼类如鲑鱼、鳟鱼类，主要生活在急流、冷水环境中，水体中溶解氧要求在 6.5 ～ 11mg/L（在 3mg/L 时就会出现窒息死亡）；需氧量高的鱼类如白甲鱼和一些鮈属鱼类，水中溶解氧要求在 5 ～7mg/L，一般生活在江河流水环境中；需氧量较低的鱼类如四大家鱼，水体中溶解氧要求在 4 ～5.5mg/L 以上，一般生活在静水或流水中；需氧量低的鱼类如鲤鱼、鲫鱼和一些热带鱼，它们可以在 0.5 ～1.0mg/L 溶解氧的水环境中存活。对于同种鱼类的不同生长发育阶段，对溶解氧的需求量一般是鱼苗大于鱼种、鱼种大于成鱼。

就我国养殖的主要淡水鱼来说，对低氧的忍耐能力还是很强的，池塘里的溶氧保持在 4mg/L 以上，才能正常生长，溶氧下降到 1mg/L

左右就会引起浮头，在 0.5mg/L 以下则引起鱼类浮头和泛塘，最终窒息死亡。如果水体里的溶氧长期低于 3mg/L，即使没有浮头现象，鱼类生长也会受到不同程度的抑制。因此，尽管池塘内饵料比湖泊、水库丰富，但鱼类的生长却比湖泊、水库等大型水体慢得多。其主要原因是池塘溶氧条件差，特别是夜间的溶氧条件恶化，鱼类生长受到抑制。

(3) 鱼对缺氧的反应 淡水鱼类对水体中缺氧的生理反应最先表现为呼吸频率加快，然后表现为向高溶解氧水域迁移（如进水口、增氧机旁等）或游到水面呼吸空气中的氧气，这种现象就叫作浮头，如果缺氧问题没有得到改善，再进一步恶化时，那就是泛塘了，就会直接导致鱼体窒息死亡。

> **【提示】** 非常值得重视的是，当养殖鱼类出现"浮头"时，鱼体实际上已经处于严重缺氧的状态，而很多养殖户以养殖鱼类是否出现"浮头"作为缺氧与否的指标，这显然是不合适的，如果长期如此，鱼类的生长就会受到严重的影响。表现为饲料消耗率高、转化率低、鱼类生长缓慢。在判断鱼类浮头时，我们可以将野杂鱼出现浮头作为轻度缺氧、鲢鱼浮头作为中度缺氧、鳙鱼浮头作为重度缺氧、鲤鱼和鲫鱼浮头作为严重缺氧的定性判别指标。在野杂鱼出现浮头时就必须开动增氧机增氧，而当鲤鱼和鲫鱼出现浮头时就已经要出现"泛池"且大量死鱼了。

(4) 氧气过多对鱼类的影响 并不是水体中的溶解氧越多越好，虽然鱼池中过饱和的氧气一般对鱼类没有多大危害，但饱和度很高的氧气有时会引起鱼类发生气泡病，尤其是在鱼苗培育阶段或长期被明冰冰封的鱼种，更易得此病。

总之，池塘水中溶氧量的高低是池塘水质的主要指标。溶氧在加速池塘物质循环、促进能量流动、改善水质等方面起重要作用。池塘有机物分解成简单的无机盐，主要依靠好气性微生物，而好气性微生物在分解有机物的过程中要消耗大量氧气。在精养鱼池这种特定条件下，溶氧已成为加速池塘物质循环、促进能量流动的重要动力。因此，在养鱼生产中，改善池水溶氧条件，是获得稳产高产的重要措施。而改善水质必须紧紧抓住池塘溶氧这个根本问题。所以养鱼池塘水质调控的重要内涵就是改善水中的溶解氧条件。这就要根据溶解氧的变化规律和影响溶解氧变化的各种因素，设法改善池塘氧气条件，只有这样才能保持水质良好，促进池鱼稳产高产。

4. 改善池塘溶氧的方法

改善池塘溶氧条件应从增加溶氧和降低池塘有机物耗氧两个方面着手，采取以下措施。

（1）增加池塘溶氧条件

① 保持池面良好的日照和通风条件。

② 适当扩大池塘面积，以增大空气和水的接触面积。

③ 施用无机肥料，特别是施用磷肥，以改善池水氮磷比，促进浮游植物生长。

④ 及时加注新水，以增加池水透明度和补偿深度；经常及时加水是培育和控制优良水质必不可少的措施，对调节水体的溶氧和酸碱度是有利的。对精养鱼池而言，合理注水有 4 个作用：增加水深，提高水体的容量；增加了池水的透明度，有利于鱼类的生长发育；有效降低藻类（特别是蓝藻、绿藻类）分泌的抗生素；通过注水能直接增加水中溶解氧，促使池水垂直、水平流转，解救或减轻鱼类浮头并增进食欲。平时每 2 周注水 1 次，每次 15cm 左右；高温季节每 4～7 天注水 1 次，每次 30cm 左右；遇到特殊情况，要加大注水量或彻底换水。总之，当水体颜色变深时就要注水。

⑤ 适当泼洒生石灰。使用生石灰，不仅可以改善水质，而且对防治鱼病也有积极作用。一般每亩用量 20kg，用水溶化后迅速全池泼洒。

⑥ 合理使用增氧机，特别是应抓住每一个晴天，在中午将上层过饱和氧气输送至下层，以保持溶氧平衡。

目前，随着养鱼事业的发展，增氧机的使用已经十分普遍，对增氧机能抢救池鱼浮头、改良水质、提高鱼产量和养殖经济效益的作用已予以了肯定，但怎样科学合理地使用增氧机，充分发挥增氧机的效能并不是人人都了解得十分清楚。使用增氧机对池塘水体进行增氧是改善池塘水质和底质、提高池塘生产能力最有效的手段之一。增氧机增氧的基本原理是通过机械对水体的搅动增加水体与空气的接触表面积，使更多的氧气进入水体之中，同时，由于水体的搅动增加了氧气在不同水层的分布，使不同区域的水质混匀。

> 🔵 【提示】增氧机具有增氧、搅水和曝气3方面的功能。在池塘养鱼中，高产鱼塘必须使用增氧机，可以这样说，增氧机是目前最有效的改善水质、防止浮头、提高产量的专用养殖机械之一。目前我国已生产出喷水式、水车式、管叶式、涌喷式、射流式和叶轮式等类型的增氧机，从改善水质、防止浮头的效果看，以叶轮式增氧机最为合适，增氧效果最好，在成鱼池养殖中使用也最广泛（图2-2）。试验表明，使用增氧机的池塘净产量增长14%左右。

图2-2　正在工作的增氧机

（2）降低池塘有机物耗氧量

① 根据季节和天气合理投饵施肥，减少不必要的饲料溶解在水里腐烂，从而可以有效地防止鱼类浮头。

② 根据鱼类生长情况，及时轮捕出一部分达到商品规格的成鱼，

既可以快速流转资金，又能降低池塘载鱼量，减少水体的耗氧总量。

③ 每年需清除含有大量有机物质的塘泥，这就可以大量减少淤泥所消耗的氧气。

④ 采用水质改良机在晴天中午将池底塘泥吸出作为池边饲料地的肥料，既降低了池塘有机物耗氧，又充分利用了塘泥；也可将吸出的塘泥喷洒于池面，利用池水上层的氧盈及时降低氧债，保持溶氧平衡。

⑤ 有机肥料需经发酵后在晴天施用，以减少中间产物的存积和氧债的产生。

5. 增氧机的作用及其使用

（1）增氧机的作用　在高产池塘里合理使用增氧机，在生产上具有以下作用：

1）促进池塘内物质循环的速度，能充分利用水体。开动增氧机可增加浮游生物 3.7~26 倍，绿藻、隐藻、纤毛虫的种类和数量显著增加。

2）增氧作用。增氧机可以使池塘水体溶解氧 24h 保持在 3mg/L 以上，16h 不低于 5mg/L。据测定，一般叶轮式增氧机每千瓦每小时能向水中增氧 1kg 左右。在负荷水面小，例如 1~1.5kW/亩时，解救浮头的效果较好。在负荷面积较大时，可以使增氧机周围保持一个较高的溶解氧区，使浮头的鱼吸引到周围，达到救鱼目的。在浮头发生时，开启增氧机，可直接解救浮头，防止池塘进一步恶化为泛池现象。

3）搅水作用。叶轮增氧机有向上提水的作用，白天可以借助机械的力量造成池水上下对流，使上层水中的溶氧传到下层去，增加下层水的溶氧。而上层水在有光照的条件下，通过浮游植物的光合作用可继续向水中增氧。这样不仅可以大大增加池水的溶氧量，减轻或消除第二天晨浮头的威胁，而且有利于池底有机物的分解。因此科学开启增氧机，能有效地预防浮头，稳定水质（图 2-3）。

4）曝气作用。增氧机的曝气作用能使池水中溶解的气体向空气中逸出，会把底层在缺氧条件下产生的有毒气体，如硫化氢、氨气、甲烷等加速向空气中扩散。中午开机也会加速上层水中高浓度溶氧

图2-3 增氧机具有显著的增氧搅水功能

的逸出速度，但由于增氧机的搅水作用强，液面更新快，这部分逸出的氧量并不高，大部分溶氧通过搅拌作用会扩散到下层。

5）可增加鱼种放养密度和投饵施肥量，从而提高产量。在相似的养殖条件下，使用增氧机强化增氧的鱼池比对照池可净增产13.8%～14.4%，使用增氧机所增加的成本不到因溶氧不足而消耗饲料费用的5%。

6）有利于防治鱼病。尤其是预防一些鱼类的生理性疾病效果更显著。

因此，增氧机增加水中溶氧后，可以提高放养密度，增加投饵施肥量，从而增加产量、节约饲料、改善水质、防治鱼病。增氧机运行时间越长越好，更能发挥增氧机的综合功能，增加放养密度，提高单产。

（2）增氧机的配备 亩产500kg以上的池塘均需配备增氧机，配备增氧机的参考标准为：

亩产500～600kg的池塘每亩配备叶轮式增氧机0.15～0.25kW；

亩产750～1000kg的池塘每亩配备叶轮式增氧机0.25～0.33kW；

亩产1000kg以上的池塘每亩配备叶轮式增氧机0.33～0.5kW。

无增氧机鱼产量的极值为亩产500～750kg。

（3）科学使用增氧机

1）开机时间要科学。开启增氧机讲究晴天中午开，阴天清晨开，连绵阴雨半夜开、傍晚不开，浮头早开，如有浮头迹象立即开机，鱼类主要生长季节坚持每天开。

2）运转时间要科学。半夜开机时长，中午开机时间短；天气炎热开机时间长，天气凉爽开机时间短；池塘面积大或负荷水面大开机时间长，池塘面积小或负荷水面小开机时间短。

3）最适开机时间和时长要根据天气、鱼的动态及增氧机负荷等灵活掌握。池塘载鱼量在500kg/亩的池塘，在6~10月生产旺季，每天开动增氧机两次，13：00~14：00开1~2h，1：00~8：00开5~6h。

（4）增氧机使用的误区　虽然增氧机已经在全国各地的精养鱼池中得到普及推广，但是不可否认，还有许多养殖户在增氧机的使用上还很不合理，还是采用"不见兔子不撒鹰，不见浮头不开机"的方法，把增氧机消极被动地变成了"救鱼机"，只是在危急的情况下救鱼，而不是用在平时增氧养鱼。还有一个误区就是增氧机的使用时间短，每年只在高温季节使用，平时不使用，从而导致增氧机的生产潜力没有充分发挥出来。

⚠️ **【注意】**

①　由于池塘水体大，用水泵或增氧机的增氧效果比较慢。浮头后开机、开泵，只能使局部范围内的池水有较高的溶氧，此时开动增氧机或水泵加水主要起集鱼、救鱼的作用。因此，水泵加水时，其水流必须平水面冲出，使水流冲得越远越好，以便尽快把浮头鱼引集到这一路溶氧较高的新水中以避免死鱼。

②　在抢救浮头时，切勿中途停机、停泵，否则反而会加速浮头死鱼。一般开增氧机或水泵冲水需待日出后方能停机停泵。

九　鱼病预防

在池塘中主养淡水鱼成鱼时，对鱼病预防有六条具体措施：①调节池水的pH，使之保持弱碱性，以利于淡水鱼的生长。②坚持清塘消毒，一般用生石灰，每亩用量20kg，用水溶化后迅速全池泼洒。③放养健壮无病的鱼种，鱼种下塘前要用3%~5%的食盐水浸泡10~15min。④饲料质量要有保证。⑤定期投喂药饵，预防肠道疾病的发生，每万尾淡水鱼用90%的晶体敌百虫50g，混入饲料中，每15天投喂1次，每次连续3~5天。⑥发生疾病应马上采取措施。

✚ 饲养管理

池塘养殖淡水鱼技术较复杂，涉及气象、水质、饲料、淡水鱼的活动情况等因素，这些因素相互影响，并时时互动。池塘养殖淡水鱼时，要求养鱼者全面了解生产过程和各种因素之间的联系，细心观察，积累经验，摸索规律，根据具体情况的变化，采取与之相适应的技术措施，控制池塘的生态环境，实现稳产高产。

1. 建立养殖档案

养殖档案是有关养鱼各项措施和生产变动情况的简明记录，作为分析情况、总结经验、检查工作的原始数据，也为下一步改进养殖技术、制订生产计划做参考。要实行科学养殖，一定要做到每口池塘都有养殖档案。

2. 加强水质管理

鱼类在池塘中的生活、生长情况是通过水环境的变化来反映的，各种养鱼措施也都是通过水环境作用于鱼体的。因此，水环境成了养鱼者和鱼类之间的"桥梁"。人们研究和处理养鱼生产中的各种矛盾，主要从鱼类的生活环境着手，根据鱼类对池塘水质的要求，人为地控制池塘水质，使它符合鱼类生长的需要。渔谚有"养好一池鱼，首先要管好一池水"的说法，这是渔民的经验总结。

要经常对淡水鱼饲养池塘的水质进行调节，使其达到最适标准。养殖淡水鱼的水体水质应达到"肥、活、嫩、爽"。即水体浮游生物丰富，特别是浮游动物多；水色不死滞，随光照和时间不同而时常有变化；水色鲜艳不老，池塘水质清爽；水面无浮膜，浑浊度小，透明度保持在30cm左右。

水质管理的措施主要有：①加注新水，增加水体的溶氧和营养盐类，冲淡池水中的有机质和有毒物质。一般每7~10天加水或换水一次，每次加注新水 15 ~ 20cm。②通过合理投饲和使用生石灰，调节池水肥度。③定期泼洒光合细菌、芽孢杆菌、EM 菌等生物制剂。

3. 巡塘

巡塘是养鱼者最基本的日常工作，应每天早中晚各进行 1 次。清晨巡塘主要观察鱼的活动情况和有无死亡；午间巡塘可结合投饲施肥，检查鱼的活动和吃食情况；近黄昏时巡塘主要检查有无残剩饲料，如有饲料剩余，应调整饲料的投喂量；酷暑季节天气突变时，鱼类易发生浮头，如有浮头迹象，应根据天气、水质等采取相应的措施；还应半夜巡塘，以便及时采取有效措施，防止泛池。如果淡水鱼的习性是在池底活动，但是发现它在水面或池边游动，要检查分析，有死鱼出现时也要检查分析，并采取对策。

4. 投喂管理

在人工饲养条件下，饲料来源非常广，可以投喂米糠、豆饼、麸皮、豆渣、花生饼、菜籽饼、糖糟、酒糟及少量鱼粉、蚕蛹粉等。此外，投喂的牛粪、猪粪和绿肥也能直接吞食一部分。在主养淡水鱼的池塘中，最好投喂全价的淡水鱼专用配合饲料，饲料粗蛋白含量在 28% ~ 32% 较合适。每亩水面设置 2 ~ 3 个饲料台，饲料台可用塑料布等制作，面积 1 ~ 2m²，呈"凹"形，距离池塘底部 15cm 左右。根据"四看"和"四定"的原则来投喂。饲料台和投食场要经常清扫和消毒。没吃完的饲料当天都要清除掉；每 1 周要仔细清扫饲料台和投食场 1 次，捞出残渣，扫除沉积物，每 2 周要对饲料台和投食场消毒 1 次，消毒可用生石灰或漂白粉。

5. 定期检查

定期检查生长情况，是否有疾病发生。定期检查可以做到胸中有数，对制订渔业计划、采取相应措施是很有意义的。

十一 捕捞

池塘养殖的淡水鱼主要采取干塘捕捞和拉网捕捞的方法。

1. 干塘捕捞

如果池底有深沟，可以抽干池水，使淡水鱼集中到深沟，即可捕捉；如果池底没有深沟，则在干塘至水深10cm时下塘捕捉。

2. 拉网捕捞

拉网捕捞要求池底平坦，否则应采取干塘捕捞。

第三节　池塘混养淡水鱼

池塘套养是我国池塘养鱼的特色，也是提高池塘鱼产量的重要措施之一。在池塘中进行多种鱼类、多种规格的混养，可以充分发挥池塘水体和鱼种的生产潜力，合理地利用饵料和水体，发挥养殖鱼类之间的互利作用，降低养殖成本，提高产量。混养是我国池塘养鱼的重要特色。混养不是简单地把几种鱼混在一个池塘中，也不是一种鱼的密养，而是多种鱼和多规格鱼（包括同种不同年龄）的高密度混养。

一　混养的优点

混养是根据鱼类的生物学特点，主要是利用它们的栖息习性、食性、生活习性等的差异性，充分运用它们相互有利的一面，尽可能地限制和缩小它们有矛盾的一面，让不同种类和同种异龄鱼类在同一空间和时间内一起生活和生长，从而发挥"水、种、饵"的生产潜力。混养可以合理和充分利用饵料和水体，能够发挥养殖鱼类之间的互利作用，获得食用鱼和鱼种双丰收，对于提高社会效益和经济效益具有重要意义。

二　确定主养鱼类和配养鱼类

主养鱼又称主体鱼。它们不仅在放养量（重量）上占较大的比例，而且是投饵施肥和饲养管理的主要对象。配养鱼是处于配角地位的养殖鱼类，它们可以充分利用主养鱼的残饵、粪便形成的腐屑及水中的天然饵料很好地生长。确定主养鱼和配养鱼，应考虑以下因素：一是市场要求，主养鱼应是池塘获得养殖效益的主要来源，是市场上的主打品种。二是饵料和肥料的来源要广泛。三是池塘条件要适合主养鱼的要求。四是主养鱼的鱼种来源要有保证。

三 我国淡水鱼最常见的混养类型

1. 以草鱼为主养鱼的混养类型

这种混养类型，主要是对草鱼（包括团头鲂）投喂草类，利用草鱼、鲂鱼的粪便肥水，产生大量腐屑和浮游生物，养殖鲢鱼和鳙鱼。由于青饲料较容易解决，成本较低，已成为我国最普遍的混养类型。

草食性鱼类所排出的粪便具有肥水的作用，肥水中的浮游生物正好是鲢鱼、鳙鱼的饵料，俗话说"一草养三鲢"，主养草食性鱼类的池塘一般会搭配有鲢鱼和鳙鱼。搭配有鲢鱼和鳙鱼的池塘混养淡水鱼时，以 3～5cm 的淡水鱼下塘，放养量为每亩 150 尾，经过 1 年的饲养，出池规格可达 400g/尾。

2. 以鲢鱼、鳙鱼为主养鱼的混养类型

以滤食性鱼类鲢鱼、鳙鱼为主养鱼，适当混养其他鱼类，在不降低主养鱼放养量的情况下，特别重视混养食有机腐屑的鱼类（如罗非鱼、银鲴、淡水白鲨等）。饲养过程中主要采取施有机肥料的方法。由于养殖周期短，有机肥来源方便，故成本较低。一般每亩产 750kg 的高产鱼池中，每亩混养淡水鱼 3～5cm 的鱼种 80～100 尾，在鱼鸭混养的塘中混养效果更好（彩图 2-2）。

3. 以青鱼、草鱼为主养鱼的混养类型

以青鱼、草鱼为主养鱼，实行"鱼、畜、禽、农"结合，"渔、工、商"综合经营，成为城郊"菜篮子"工程的重要组成部分和综合性的副食品供应基地，这是江苏无锡渔区的混养特色。

4. 以青鱼为主养鱼的混养类型

这种混养类型主要对青鱼投喂螺、蚬类，利用青鱼的粪便和残饵饲养鲫鱼、鲢鱼、鳙鱼、鲂鱼等鱼类。

5. 以鲮鱼、鳙鱼为主养鱼的混养类型

该类型是珠江三角洲普遍采用的养鱼方式。鳙鱼一般每年放养 4～6 次。鲢鱼第一次放养 50～70 尾，待鳙鱼收获时，满 1kg 的鲢鱼捕出。通常捕出数量与补放数量相同。鲮鱼放养密度分为大、中、小三档规格，依次分期捕捞出塘。混养一定量的淡水鱼，当鱼种规格为 3～5cm 时，每亩的放养量为 30～50 尾。

6. 以鲤鱼为主养鱼的混养类型

我国北方地区的人民喜食鲤鱼，加以鲤鱼鱼种来源远比草鱼、鲢鱼、鳙鱼容易解决，故多采用以鲤鱼为主养鱼的混养类型，搭配异育银鲫、团头鲂等鱼类，并适当增加鲢鱼和鳙鱼的放养量，以扩大混养种类，充分利用池塘饵料资源，提高经济效益。

四 池塘环境

池塘大小、位置、面积等条件应随主养鱼类而定，但套养淡水鱼的池塘必须是无污染的水体，pH 为 6.5 ~ 8.5，溶氧在 4mg/L 以上，大型浮游动物、底栖动物、小鱼、小虾丰富。

五 饲养管理

淡水鱼混养在以上各种主养类型的池塘中，都是利用主养鱼类剩余的空间，摄食主养鱼类剩余的饲料和主养鱼类不摄食的天然饵料。因此，混养淡水鱼的池塘饲养管理主要是针对主养鱼类来进行，针对淡水鱼的饲养管理并不多，管理的要求也不高。

1. 施肥及水质调控

池塘饲养要追肥，追肥应按"多施、勤施、看水施肥"的原则，同时以有机肥料为主，无机肥料为辅，按"抓两头、带中间"的施肥原则。一般每周施粪肥 150kg 或绿肥 50kg，施粪肥必须经发酵腐熟后加水稀释泼入塘中；施绿肥采取池边堆放浸积。使用化肥，如尿素为 1.5 ~ 2.5kg，过磷酸钙为 3kg。在早春和晚秋，水温较低，有机物质分解慢，肥力持续时间长，追肥应量大次少；晚春、夏季、早秋水温高，鱼吃食旺盛，有机物分解快，浮游生物繁殖量多，鱼类耗氧量大，加上气候多变，水质易发生变化，追肥应量少次多。池塘施肥主要看水色来定，如池水呈油绿色、褐绿色、褐色和褐青色，水质肥而爽，不混浊，透明度 25 ~ 30cm，可以不施肥。如果水质清淡，呈浅黄色或浅绿色，透明度大，要及时追肥。如果池水过深、变黄、发白和发黑等，说明水质已开始恶化，应及时加换新水调节水质。

首先是科学开启增氧机。在晴天中午开机调节水质，以促进水体对流，增加池水溶氧和散发有毒气体。天气闷热开机时间可适当延长，天气凉爽时减少开机时间，半夜浮头则增加开机时间。

> **【提示】** 对于池塘混养的鱼类来说，由于各种鱼对溶解氧的要求不完全一致，对水质的适应能力也有差异，尤其夏季也是养殖鱼类生长的旺季，水质的优劣是鱼类饲养的关键。因此应做好水质调节管理。

其次是定期泼洒生物制剂。定期泼洒光合细菌、芽孢杆菌、EM菌等生物制剂，可使水质达到"肥、活、嫩、爽"，调节好水质，同时能预防细菌性鱼病，提高鱼的摄食能力和免疫功能。

再次是要及时加注新水。注新水可增加溶氧和营养盐类，冲淡池水中的有机质和有毒物质。一般每 7～10 天加水或换水一次，每次加注新水 15～20cm。同时，通过合理投饲和使用生石灰，调节池水肥度。

2. 巡塘观察

这是最基本的日常工作，要求每天巡塘 3 次。清晨巡塘主要观察鱼的活动情况和有无死亡；午间巡塘可结合投饲施肥，检查鱼的活动和吃食情况；近黄昏时巡塘主要检查有无残剩饲料。酷暑季节天气突变时，鱼类易发生浮头，还应半夜巡塘，以便及时采取有效措施，防止泛池。

3. 检查食台

每天傍晚应检查食台上有无残饵和鱼的吃食情况，以便调整第二天的投饲量。食台高温酷暑季节还应每周清洗消毒，消毒可用 20mg/L 的高锰酸钾或 30mg/L 的漂白粉。

第四节　网箱养殖淡水鱼

一 大水面的网箱养鱼

网箱养鱼是在天然水域条件下，利用合成纤维网片或金属网片等材料装配成一定形状的箱体，设置在水体中，把鱼类高密度地养在箱中，借助箱内外的水不断交换，维持箱内形成适合鱼类生长的环境，利用天然饵料或人工投饵培育鱼种或饲养商品鱼。网箱养鱼原是柬埔寨等东南亚国家传统的养殖方法，后来逐渐在世界各地得以推广。目前在日本、挪威、美国、丹麦、德国、加拿大、智利等国家养殖规模较大。我国当代网箱养鱼自1973年开始，有关研究机构分别在湖泊、水库中利用天然饵料进行网箱培育大规格鲢、鳙鱼种获得成功。以后又有许多单位在网箱养鲢、鳙商品鱼及投饵网箱养殖罗非鱼、鲤鱼、草鱼和团头鲂试验中均获成功。

目前，我国在大水面网箱养殖方面，鲢鱼、鳙鱼、鲤鱼、罗非鱼、鳜鱼、虾、蟹、虹鳟鱼、珍珠蚌等技术及机械化网箱养鱼的配套技术已经成熟。

我国大水面网箱养鱼的类型大体可分为四种形式：一是培育大规格鲢、鳙鱼种；二是养殖成鱼，效果明显的有鲢、鳙鱼、草食性鱼类等；三是主养鲤鱼、罗非鱼等吃食性鱼类；四是网箱养鳜鱼、大口黑鲈等肉食性鱼类和其他名、特、优种类。

二 小体积高密度网箱养鱼

本章节重点介绍小体积高密度网箱养鱼技术。小体积高密度网箱养鱼技术是由美国奥本大学史密脱教授提出并于1991年在中国推广的，目前我国小体积高密度网箱养殖规模已达100000m^3，平均每立方米产鱼130～300kg，纯收入300余元，比目前我国大网箱养鱼产量高出数倍，而且具有机动、灵活、操作方便等优点，既适合企业化大规模养殖，也适合一家一户的小规模养殖，经济效益非常显著。

小体积高密度网箱养鱼是与传统的大体积低密度网箱养鱼相对而言的，是指1～4m^3的网箱，它是建立在水体交换原理基础上的，它的基本依据是小体积网箱比传统的大网箱的水交换更快，可以创造并维持更好的水质条件。

小体积网箱比其他常规网箱换水率更高，因而它的负载能力更高，这是小体积网箱能够高产的主要原因。在网目大小、网线粗度相同的条件下，网片的过水率是相同的，但按网箱的侧面积与体积之比来算，单位体积所拥有的侧面积越大，网箱的换水率越高。例如一个1m^3的网箱，侧面积与体积之比为4：1；而一个50m^3（5m×5m×2m）体积的网箱，二者之比为0.8：1。而且，小体积网箱的长、宽尺度都比较小，在流速相同的条件下，水流穿过小尺度网箱所需的时间比较短，小网箱内水的更新速度快，所以它们的养殖产量会更高（彩图2-3）。

三 网箱设置地点的选择

网箱养殖淡水鱼密度高，要求设置地点的水深合适、水质良好、管理方便。这些条件的好坏都将直接影响网箱养殖的效果，在选择网箱设置地点时，都必须认真加以考虑。

1. 周围环境

要求设置地点的承雨面积不大，应选在避风、向阳，阳光充足的地方，水质清新、风浪不大、比较安静、无污染、水量交换量适中、有微流水，周围开阔没有水老鼠，附近没有有毒物质污染源，同时要避开航道、坝前、闸口等水域。

2. 水域环境

水域底部平坦，淤泥和腐殖质较少，没有水草，深浅适中，长年水位保持在 2 ~ 6m，水域要宽阔，水位相对要稳定，水流畅通，长年有微流水，流速 0.05 ~ 0.2m/s。也可在 20 亩以上的池塘和水库安放网箱养殖淡水鱼。

3. 水质条件

养殖水温变化幅度在 18 ~ 32℃ 为宜。水质要清新、无污染。溶氧在 5mg/L 以上，其他水质指标完全符合渔业水域水质标准。

4. 管理条件

要求离岸较近，电力通达，水路、陆路交通方便。

四 网箱的结构

养鱼网箱种类较多，按敷设的方式主要有浮动式、固定式和下沉式三种。养殖淡水鱼多用封闭式浮动网箱。封闭浮动式网箱由箱体、框架、锚石、锚绳、沉子、浮子五部分组成（图2-4）。

1. 箱体

箱体是网箱的主要结构，通常用竹、木、金属线或合成纤维网片制成箱体。生产上主要用聚乙烯网线等材料，编织成有结节网和无结节网。所编织的网片可以缝制成不同形状的箱体。为了装配简便，利于操作管理和接触水面范围大，箱体通常为全封闭的六面体，

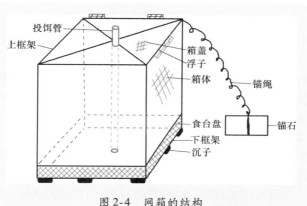

图 2-4 网箱的结构

用框架使网箱保持设计的形状和体积。箱体面积一般为 5 ~ 30m²，鱼箱可选用网目 1 ~ 3cm 聚乙烯，一级和二级网箱的规格为 2m × 1.5m × 1.5m 或 3m × 2m × 2m，三级网箱的规格为 4m × 4m × 2m 或 4m × 5m × 2m 或 5m × 5m × 2.5m 等几种。网箱箱面 1/3 处设置饵料框。

2. 框架

采用直径 10cm 左右的圆杉木或毛竹连接成内径与箱体大小相适应的框架，利于框架承担浮力使网箱漂浮于水面，如浮力不足可加装塑料浮球，以增加浮力。

3. 锚石和锚绳

锚石是重约 50kg 的长方形毛条石。锚绳是直径为 8 ~ 10mm 的聚乙烯绳或棕绳，其长度以设箱区最高洪水位的水深来确定。

4. 沉子

用 8 ~ 10mm 的钢筋、瓷石或铁脚子（每个重 0.2 ~ 0.3kg）安装在网箱底网的四角和四周。一只网箱沉子的总重量为 5kg 左右。以网箱下水后能充分展开，保证实际使用体积和不磨损网箱为原则。

5. 浮子

框架上装泡沫塑料浮子或用油桶等做浮子，均匀分布在框架上或集中置于框架四角以增加浮力。

6. 箱盖

网箱顶部还需覆上用不透光材料制成的网箱盖。加盖的目的是阻止阳光（特别是紫外光）进入网箱，不让鱼发现任何网箱上方的物体运动，这样可以减少不利于鱼类生长的光和惊恐应激因素，还有利于鱼的免疫系统，提高生产性能。此外，加盖后的网箱也可防止肉食性鸟类的袭击。加了遮光盖的网箱中的淡水鱼的生产性能比不加盖的网箱提高10%。

7. 食台

为了能使鱼类采食到所给的饵料，防止饵料散失，小体积网箱有特殊的投饵装置。沉性颗粒饲料的投饵装置包括一根管道和一个"食台"。管道可用毛竹管、PVC管等材料，直径约10cm，由网箱顶部的中央插入箱内，其终端离网底约15cm。整个底网及沿底网四周墙网向上15~20cm处，缝上密网布，形成"食台"，饵料可由管道的顶部倒入，落在食台上为鱼采食。如果没有管道，饵料会在沉降过程中从网箱的四周流失，如果没有密网底，饵料会穿过网箱底部流失。浮性颗粒饵料的投饵装置，为顶部和底部都敞口的箱形物，放在网箱顶部的中央，水中部分为40cm，露出水面部分为20cm，面积约为箱盖面积的20%，这样的装置可以防止鱼类活动激起的水流使饵料下沉或溅出水面，并使箱内鱼有效地采食。

五　网箱的安置

网箱有浮动式和固定式各两种，即敞口浮动式和封闭浮动式，敞口固定式和封闭固定式。目前采用最广泛的是敞口浮动式网箱。各种水域应根据当地特点，因地制宜地选用适宜规格的网箱，并安置在流速为0.05~0.2m/s的水域中。敞口浮动式网箱，必须在框架四周加上防逃网。敞口固定式的水上部分应高出水面0.8m左右，以防逃鱼。所有网箱的安置均要牢固成形。网箱设置时，先将四根毛竹插入泥中，然后网箱四角用绳索固定在毛竹上。四角用石块做沉子，用绳索拴好，沉入水底，调整绳索的长短，使网箱固定在一定深度的水中，可以升降，调节深浅，以防被风浪水流将网箱冲走，确保网箱养鱼安全。网箱放置深度，根据季节、天气、水温而定；春秋季可放到水深30~50cm，7~9月天气热，气温高，水温也高，可放到 60 ~ 80cm 深。

【提示】 网箱设置时既要保证网箱能有充分交换水的条件，又要保证投饵等管理操作方便。

常见的是串联式网箱设置和双列式网箱设置，网箱地点应选择在上游浅水区。设置区的水深最少在 2.5m 以上。对于新开发的水域，网箱的排列不能过密。在水体较开阔的水域，网箱排列的方式，可采用"品"字形、"梅花"形或"人"字形，网箱的间距应保持在 3 ~ 5m。串联网箱每组 5 个，两组间距 5m 左右，以避免相互影响。对于一些以蓄、排洪为主的水域，网箱排列以整行、整列布置为宜，不能影响行洪流速与流量（图 2-5）。

9	7	5	3	1
10	8	6	4	2

图 2-5　多个网箱组合示意图

安装时把箱体连同框架、锚石等部件，一并运到设箱区，入水时先下框架，然后缚好锚绳、下锚石，固定框架，而后把网箱与框架扎牢。网箱的盖网最好撑离水面，这样盖网离水，可达到有浪则湿，无浪则干，时干时湿，水生藻类无法固定生长，保持网箱表面与空气良好的接触状态。如果网箱盖网不撑离水面，则要定期进行冲洗（图 2-6）。

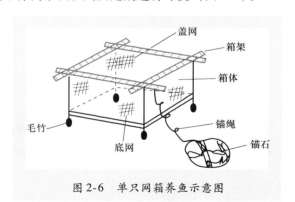

图 2-6　单只网箱养鱼示意图

63

六 鱼种放养

合理的放养是取得高产量的基础，据报道，在流水中网箱养殖斑点叉尾鲴，产量达到 600kg/m³。在大型贫营养水质的湖泊中养殖鲤鱼，产量达到 330kg/m³。但这些产量不是生态上、技术上和经济上的最佳产量。

1. 规格

网箱养殖密度高，如果投放小规格鱼苗，即使是投喂人工饵料，还存在着驯食的过程和小规格苗种对人工饲料的不适应等问题。经过驯食的鱼种进箱后就可以投喂人工饲料，生长亦快。

2. 密度

放养密度，应结合水质条件、水流状况、溶氧高低、网箱的架设位置及饲料的配方和加工技术等进行综合考虑，一般放养 100 ~ 150g 的鱼种。放养密度应根据鱼体大小而定，一般 3 ~ 5cm 的幼鱼放养 300 ~ 500 尾/m³。100 ~ 150g 的 2 龄鱼种放养 160 ~ 250 尾/m³。

放养密度还应根据水质状况而定。水体透明度不小于 80cm 的养殖水域，单位体积的产量可设计为 200kg/m³；水体透明度大于 100cm 的养殖水域，单位体积的产量可设计为 300kg/m³。放养密度可按以下公式计算：

放养密度 = 每立方米水体设计产量/收获时个体重

如果是第一次进行小网箱养鱼，建议放养量以收获时每立方米达到 300kg 计算，若收获时鱼的平均尾重达到 1500g，那么放养密度 = 300(kg/m³)/1.5kg = 200 尾/m³。一般地，在放养后的 7 ~ 10 天内，鱼种有 1% ~ 2% 的死亡率。但是，如果鱼种的健康状况良好，而且操作仔细，鱼种的成活率可以达到 100%。

淡水鱼的网箱饲养，目前常采用四级放养。第一级从 3cm 长养到 5cm 长左右；第二级从 5cm 长饲养至 8cm 长；第三级从 8cm 左右长饲养至 10cm 长，第四级从 10cm 长养至成鱼上市。第一级入养密度为 2000 ~ 3000 尾/m²；第二级为 1500 ~ 2000 尾/m²；第三级为 500 ~ 600 尾/m²；第四级放养密度以饲养至商品鱼上市为准，通常为 350 ~ 450 尾/m²。

3. 注意事项

鱼种从培育池中进入网箱，应注意以下事项：

① 水温达到18℃进箱，能更好地发挥网箱养殖的优势，每只网箱的数量应一次放足。

② 每只网箱放养的苗种应为同一批，规格整齐，体质健壮，否则很容易造成苗种生长速度不一致，大小差别较大。

③ 进箱时，温差应不超过3℃，如果温差过大，应进行调节。

④ 进箱时间最好选在晴天，阴天、刮风下雨时不宜放养。

⑤ 在鱼苗种的拉网、装运和进箱等操作的过程中，要求操作过程快捷、精心细致，尽可能避免使苗种受伤。

⑥ 鱼种在进箱之前，应进行消毒，以防止水霉和寄生虫的感染寄生。消毒的方法是用0.5%的食盐和0.5%的小苏打溶液浸洗鱼体，时间的长短，可视鱼种的耐受能力而定。

七 饲料投喂

小网箱养殖淡水鱼，可投喂配合饲料，尤以浮性颗粒饲料投喂效果好。由于鱼的游动和风浪令浮性颗粒饲料随水波在小网箱饲料框内浮动，淡水鱼认为是活饵在动，就争着抢食。投浮性颗粒饲料饲养1周后，鱼就对浮性颗粒饲料摄食习惯了。

投喂高质量的颗粒饲料是极其重要的，采用的饲料必须营养完全，含有完全的维生素和矿物质预混剂，还应额外添加维生素C和磷质，蛋白质含量一般应为32%~36%。日投喂量主要根据淡水鱼的体重和水温来确定。相对于池塘养殖而言，网箱养殖时淡水鱼完全靠人工饲料生长，饲料浪费量较大，因此，饲料的日投喂量要比池塘养殖高10%左右。当水温在18~23℃时，投喂量为5%~7%；水温在24~30℃时，投喂量为7%~10%；水温超过30℃时，投喂量应减少，超过35℃时停止投喂。

饲料必须有良好的适口性，随着鱼体的生长，颗粒饲料的粒径也应随之变化（表2-11）。

表2-11 鱼体的规格与饲料直径的关系

鱼种规格/(g/尾)	颗粒饲料直径/mm
50~100	2.2
100~200	3.2
200	4.2

从鱼种入箱之日起每隔 28 天，随机对所养全部小网箱中的 1/4 箱进行抽样称重，以便确定下一阶段养殖的投饲率和投饲量。每箱抽样的尾数不少于 30 尾。先算出各抽样箱的平均个体重，再乘以放养尾数（若死亡数超过放养数的 5%，应考虑乘以估计存活数），从而获得平均每箱的存鱼重量。根据平均个体重和平均每箱存鱼重量，可以计算出每箱的日投饲量。

将日投饲量分 2 次投饲，上、下午各 1 次，投饲时间分别为 8：00～10：00 和 16：00～18：00。每天投喂量还应根据当天的气候、水质、食欲、浮头、鱼病等情况确定增加或减少。正常情况下，每天的投喂次数为 4～6 次，下午的投喂量应多于上午，傍晚的投喂量应最多。开始投喂时应直接将饵料投喂到饵料台上，抢食正常后，可采用手撒法。因鱼种在鱼池培养阶段就习惯密集抢食，所以进箱后一般只需 2～3 天就能适应。投饵量的确定是根据进箱鱼种数、预计生长速度、产量、饵料系数及各月水温变化情况制定出饲料按月分配表。同时依鱼体大小、水温和饲料而确定日投饵率。具体投饵时，还必须密切观察每箱鱼的摄食情况、强度，判断其饱食程度，随时增减调整实际投饵量。每次投饵采取"慢—快—慢"和"少—多—少"的投饵方法，即开始投喂时，鱼尚未集中，而结束前 80% 的鱼已饱食或鱼已达到 80% 的饱食量，此时就应该少喂慢喂。而在中间阶段，鱼激烈抢食于水面时，则应快喂多喂，这样做使鱼摄食均匀，尽量减少浪费，并可缩短每次投饵时间。投喂时应注意水中淡水鱼"阴影"的变化，当摄食高潮的"阴影"逐渐变小时，应结束投喂，一般投喂时间在 30min 左右。

八　养殖管理

网箱养鱼的成败，在很大程度上取决于管理。一定要有专人尽职尽责管理网箱。实行岗位责任制，制订出切实可行的网箱管理制度，提高管理人员的责任心，加强检查，及时发现和解决问题等，都是非常必要的。日常管理工作一般应包括以下几个方面。

1. 巡箱观察

网箱在安置之前，应经过仔细地检查。鱼种放养后要勤作检查。检查时间最好是在每天傍晚和第二天早晨。方法是将网箱的四角轻轻提起，仔细察看网衣是否有破损的地方。水位变动剧烈时，如洪水期、枯水期，都要检查网箱的位置，要勤检查，并随时调整网箱的位置。每天早、中、晚各巡视一次，除了检查网箱的安全性能外，如果有破损，要及时缝补。更要观察鱼的动态，有无鱼病的发生和异常等情况，检查了解鱼的摄食情况和清除残饵，有无疾病迹象，及时治疗，一旦发现蛇、鼠、鸟应及时驱除杀灭。保持网箱清洁，使水体交换畅通。注意清除挂在网箱上的杂草、污物。大风来前，要加固设备，日夜防守。由于大风造成网箱变形移位，要及时进行调整，保证网箱原来的有效面积及箱距。水位下降时，要紧缩锚绳或移动位置，防止箱底着泥和挂在障碍物上。

2. 控制水温

绝大部分的淡水鱼生长适温为 20～33℃，夏季必须采取措施控制水温升高，在鱼网箱四周种植高大乔木，或架棚遮阳。冬季低温可将网箱转入小池饲养，可搭塑料薄膜保温或者利用温泉水、地热水等进行越冬，此举还可防止敌害。

3. 控制水质

网箱区间水体 pH 为 7～8，以适应鱼的习性。养殖期应经常移动网箱，20 天移动一次，每次移动 20～30m，这对防止细菌性疾病发生有重要作用。定期测定淡水鱼的生长指标，及时为淡水鱼的生产管理提供第一手资料。网箱很容易着生藻类，要及时清除，确保水流交换顺畅。要经常清除残饵，捞出死鱼及腐败的动物、植物、异物，并进行消毒。

4. 鱼体检查

通过定期检查鱼体，可掌握鱼类的生长情况，不仅为投饲提供了实际依据，也为产量估计提供了可靠的资料。一般要求 1 个月检查 1 次，分析存在的问题，及时采取相应的措施（图2-7）。

5. 网箱污物的清除

网箱下水 3～5 天后，就会吸附大量的污泥，随后又会附着水绵、双星藻、转板藻等丝状藻类或其他着生物，堵塞网目，从而影响水体的交换，不利于淡水鱼的养殖，必须设法清除。目前国内网箱养成鱼中清洗网衣有以下几种方法：

图 2-7 网箱养鱼的检查

（1）**人工清洗** 网箱上的附着物比较少的时候，可先用手将网衣提起，然后抖落污物，或直接将网衣浸入水中清洗。当附着物过多时，可用韧性较强的竹片抽打，使其抖落。操作要细心，防止伤鱼和破网。

（2）**机械清洗** 使用喷水枪、潜水泵，以强大的水流把网箱上的污物冲落。有的采用农用喷灌机（以 3 马力的柴油机作动力），安排在小木船上，另一艘船安装 1 个吊杆，将网箱各个面吊起顺次进行冲洗。2 人操作，冲洗 1 只 60m² 的网箱约 15min，比人工刷洗提高工效 4~5 倍，并减轻了劳动强度，是目前普遍采用的方法。

（3）**沉箱法** 各种丝状绿藻一般在水深 1m 以下处就难以生长和繁殖。因此，将封闭式网箱下沉到水面以下 1m 处，就可以减少网衣上附着物的附生。但此法往往会影响到投饵和管理，对鱼的生长不利，所以使用此法要因地制宜，权衡利弊再作决定。

（4）**生物清洗法** 利用鲴鱼等鱼类喜刮食附生藻类，吞食丝状藻类及有机碎屑的习性，在网箱内适当投放这些鱼类，让它们刮食网箱上附着的生物，使网衣保持清洁，水流畅通。利用这种生物清污物，即能充分利用网箱内饵料生物，又能增加养殖种类，提高鱼产量。

6. 预防疾病

网箱养殖淡水鱼，密度大，一旦发病就很容易传播蔓延。做好鱼病的预防，是网箱养殖成败的关键之一。鱼病流行季节要坚持定期用药物预防和对食物、食场消毒。如发现死鱼和严重病鱼，要立即捞出，并分析原因，及时采取治疗措施。鱼种进箱前要用3%～5%的食盐水浸泡10～15min。坚持定期投喂药饵，预防肠道疾病的发生，每万尾鱼用90%的晶体敌百虫50g，混入饲料中，每15天投喂1次，连续3～5次。采用漂白粉挂袋可预防细菌性疾病，一般每1个网箱挂袋2～4只，每袋装药100～150g。

定期检查鱼体，做好网箱饲养日志。通过检查，随时掌握鱼的生长情况，不仅可为投饲提供依据，而且为产量估计准备了资料。一般要求1个月或更短一些时间检查一次，分析存在的问题，及时采取相应措施。

九 捕捞

捕捞网箱中的淡水鱼是很简单的，提起网衣，将鱼集中在一起，即可用抄网捕捞。因为网箱起网很简单，因此，可以根据市场的需求随时进行捕捞，没有达到上市规格的可以转入另一个网箱中继续饲养。

第五节 微流水池塘养殖淡水鱼

一 微流水池塘条件

面积为667～2000m² 的家鱼成鱼饲养池稍加改造就可用于养殖淡水鱼。一般以面积500～1000m² 的长方形鱼池比较理想。面积太大时，既增加了均匀投饲的难度，又浪费了水资源。

1. 鱼池结构

以砖石护坡、硬泥底质的鱼池最为理想。鱼池最好为泥底，"三合土"底质相对要差，底泥的厚度以不超过10cm为佳。水池要有进排水设施，排水阀能排底层水，且具备调节水位的功能。

2. 水深及水量

成鱼池要求水深1.2～2m。所谓微流水，并非要求一天24h都有水流进流出，只要日平均换水量能达到全池的 15%～20% 即可，当然，如果水源充足，水量丰沛，长年有微流水入池则更好。通常生产上可以每天注水 2～3h，也可以几天时间注换水 1 次。此外，池塘最好能安装增氧机，以利于节水和高产。

二 鱼种放养

1. 放养密度

放养密度与池塘的载鱼能力相关，亦与池塘条件、鱼种规格和饲养水平等因素相关。对于长年有微流水入池或有配套增氧机的池塘，放养密度可以大些，一般可达每立方米水体 250 尾左右。池塘条件较差的，可适当降低放养量。

2. 放养规格

放养鱼种的规格主要根据鱼饲养到当年起捕时是否能达到食用鱼商品规格来确定。一般说来，主养淡水鱼放养规格不同，其增长速度也有差异，规格越大，增重也越大。从试验和生产结果看，体重 100g 以上的鱼种当年可达到 1500g 以上。因此，淡水鱼鱼种的放养规格不应低于 100g。

3. 搭配种类

可以套放一些滤食性鱼类和植食性鱼类如鲢鱼、鳙鱼、鲂鱼等，每亩放 10～15 尾，以减少饲料的浪费和溶氧的消耗，滤食相当数量的浮游生物，对改善池塘水质，保持水质"活、嫩、爽"有重要作用。

4. 清塘消毒

鱼种放养前必须严格清塘消毒，以消除发病隐患。所用药物以生石灰加漂白粉效果最好，用药量随池塘使用时间、底质、水源情况而定。一般为每亩池塘施生石灰 150～250kg，再加漂白粉 10～12.5kg。施药 10～15 天后即可试水放鱼。鱼种在放养前用呋喃西林药浴。

三 饲料投喂

淡水鱼在不设饵料台饲养时，个体规格差异较大，因此成鱼池最好架设饵料台。饵料台可用竹材编制成圆形或长方形的筛框，底下铺1层聚乙烯纱窗布制成；也可用金属做框架，底面缝上聚乙烯纱窗布。饵料台的大小与周边的高度及滤水性能对饵料系数的高低有直接的影响，通常每个饵料台面积为 $0.25 \sim 0.4 m^2$、边高 $0.25m$ 较合适。设置饵料台的个数与鱼池大小相关，一般1亩左右的成鱼池至少应设6个饵料台。日投喂次数为 $1 \sim 3$ 次，具体视水温情况而定，生产上一般为2次。投喂时间在早晨和傍晚。日投喂量为鱼体重的 $1.5\% \sim 3\%$。投饵以手撒方式为好。还应做到定时、定量、定点、定质投喂。

四 日常管理

1) 成鱼池对水质的要求与苗种池相似。养殖水体应维持一定的肥度，通常以水呈浅油绿色、透明度为 $40cm$ 左右为好。培养这种水色的关键是控制水中的浮游植物群必须以绿藻为主。同时要经常换水，保持较好的水质和较高的溶氧量。在高温季节，每月用生石灰按每立方米水体 $15g$ 的用量全池泼洒1次，每15天投喂1次抗菌药饵。

2) 溶氧若能维持在 $5mg/L$ 以上，则淡水鱼的食欲旺盛，生长率与饲料利用率都最高；如果溶氧降低到 $2mg/L$，摄食量将下降，如果溶氧继续降低，发现鱼在池边缓慢游动或堆积在一起，这是鱼浮头的前奏，称之为"暗浮头"，应立即冲水，并用增氧机增氧。一旦发现鱼体变色、眼珠无光的个体，通常很难救活。严重浮头的鱼群其死亡率也极高。

3) 池水的 pH 对淡水鱼的摄食、生长、疾病流行均有显著的影响。施用生石灰调节水质时不宜大剂量泼洒，每次的用量以每亩施 $15 \sim 20kg$ 为宜，如达不到所需的 pH，次日可再施1次。

4) 池水温度调节。初夏适当降低池塘水位有利于升温。炎夏把池水加深到 $1.8 \sim 2m$，再把注换水时间改为下半夜或清晨，池面圈养一些水生植物等，使水温维持在适宜的范围内，淡水鱼可正常摄食和生长。

5) 饵料台及其周围的环境卫生直接影响淡水鱼的摄食与病害的发生，所以每天必须清除残饵，洗刷饵料台并晾晒。饵料台周围要定期泼洒生石灰水消毒。

第六节 流水高密度养殖淡水鱼

一 流水养鱼择址的条件

流水养鱼就是要不断地向养鱼池中注入大量清新的水流，来进行高密度养殖，如果要用电力提水，那是很昂贵的，也是不可行的。因此在选择流水养鱼场址时，就必须有良好的水源、充足的水量和其他相应的条件，否则不仅达不到高产高效的目的，还会导致经济上的巨大损失。此外，对鱼种、饵料、交通、市场的考察也是流水养鱼必须考虑的问题。对于流水养鱼来讲，要满足鱼类健康快速成长，必须考虑水的水源、水温、水质、饲养管理的方便程度及周围的环境条件。

1. 水源

流水养淡水鱼常用的水源有地热水和发电厂的尾水。不论引用哪一种水源，都应考虑枯水期能否保证有水。最容易推广的是"借水还水"，利用自然落差的引水方式。

2. 水温

水温是制约鱼类生长的重要因素。在确定流水养淡水鱼后，一定要选择水温适宜该种鱼类生长的水域，建立流水养鱼场。一般饲养淡水鱼的适宜水温是 24～32℃。

3. 水量

流水养鱼是一种集约化养鱼形式，鱼类密集程度远远高于池塘，鱼类赖以生存的溶解氧，主要依靠不断注入的流水来供应。这样，养鱼池中注入水量的多少，就决定了鱼类能得到溶氧量的多少，从而也就左右着鱼池中容纳鱼的数量和最终的产量。

在实行流水养鱼时，为提高单位面积产量，就必须确保充足的流量。流水池应尽量做到交换水量大而流速小，以利于保持水质清新，溶氧充足，又不会因水交换量大而导致过大的能量消耗。在放养早期，鱼体小，摄食强度小，不易缺氧，流量可以控制在每小时水量交换 1 次，随着鱼体长大，可增加到每小时交换 2～5 次。

4. 水质

有了适宜的水温、充足的水量，如果没有良好的水质环境，也不利于建设流水渔场。因为质量不好的水源，即使不会导致死鱼，也会影响鱼类生长，引起疾病，或者污染鱼的肉质，降低其食用价值，甚至造成鱼类不能食用。所以我们在以地表水为水源时，一定要选择没有混入农药、工业废水及城市污水的源头引水。要根据我国养鱼水质标准，在建场前就对水源的各项指标认真检测分析，以确保养鱼安全。

二 流水养殖的类型

依据水源和用水过程处理方法的不同，养殖方式有以下4种。

1. 自然流水养殖

利用江河、湖泊、山泉、水库等天然水源的自然落差，根据地形建池或采用网围、网栏等方式进行养殖。自然流水养殖不需要动力提水，水不断自流，鱼池或网围、网栏结构简单，所需配套设施很少，成本最低。

2. 温流水养殖

利用工厂排出的废热水和温泉水，经过简单处理，如降温、增氧后再入池，用过的水一般不再重复使用，这类水源是养殖淡水鱼最理想的水条件。生产不受季节限制，温度可以控制，养殖周期短，产量高，目前我国许多热水充足的工厂、温泉区都在养殖。温流水养殖设施简单，管理方便，但需要有充足的温泉水或废热水。

3. 开放式循环水养殖

利用池塘和水库，通过动力提水，使水反复循环使用。因为整个流水养鱼系统与外源水相连，所以称为开放式循环水养殖。因为要动力保持水体运转，只适合小规模生产。

4. 封闭式循环流水养殖

这是一种全新高效养鱼技术，是将池塘水体经过温度控制、过滤、沉淀等净化处理后，再经过曝气处理，最后再进入到池塘里进行循环养殖（图2-8）。

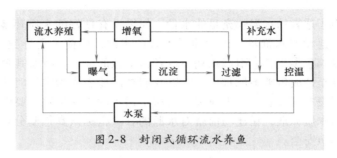

图 2-8 封闭式循环流水养鱼

三 流水池的建设

1. 鱼池种类

流水养鱼池有鱼种池、成鱼池、亲鱼池和蓄养池四大类。鱼种池鱼体较小，为了便于喂养，观察鱼体活动和清理鱼池，一般要求面积小一些，水也浅一点。蓄养池是成鱼上市前囤放的池子，其目的是使鱼排出异味，提高商品鱼品质，同时也起到活鱼库作用。面积要依据产量确定和以方便捕捞为准。成鱼池是生产商品鱼的鱼池，一般要求比较高，这对提高单产、增加经济效益至关重要。亲鱼池是养殖繁殖用鱼的池塘，面积以小为好，但对水深、水质要求都是最优的。

2. 鱼池结构

（1）面积与深度 面积以 30 ~ 50m^2 为宜，最大不超过 100m^2，池壁可用黏土或水泥砖修建，水深为 1.2 ~ 2m。

（2）形状与水的流动 流水鱼池的形状可以是正方形、长方形、八角形、圆形、椭圆形等，其中以长方形、圆形、椭圆形池较为普遍。

1）长方形流水池。池子里水的流向基本一致，朝排水口流去，长方形池土地利用率高，建造方便。

2）圆形流水池。整个池形如漏斗，底部中央排水排污，具有结构合理、不产生涡流、鱼在池中分布均匀等优点。但底部网罩被污物封住后难以处理，造价较高。

3）椭圆形流水池。是圆形池和长方形池相结合而设计的养鱼池，基本保持了圆形池和长方形池的优点。

3. 流水池的修建及排列方式

如果采用单个池进行加水饲养，则水池最好修建成圆形，池底呈锅形，自四周向中央的坡降为10%左右，类似于家鱼人工繁殖的圆形产卵池。池底或池壁应设置4个定向喷嘴，以便排污时用于促进池水旋转，使残饲、粪便等污物集中于池底中心点而排出排水口。排污口合并在池底中心，管口口径应在15cm以上，能把集中到中心点或底端的污物排出。

如果是多个流水池串联或并联，则流水池的形状最好是长方形。串联时，长方形水池一边进水，另一边排水，第一口水池的排水口即为第二口水池的进水口。串联池每个水池的注水量大，换水率高，水被反复利用，并联池的每个池注水量小，换水率低，但各个鱼池排灌分开，进入各池的水都是新鲜水，可以减少病害；即便患病也容易采取措施，不会使鱼病传播，实际养鱼的效果好（图2-9）。

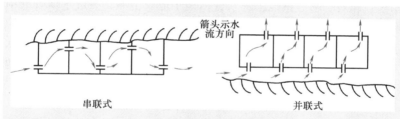

图 2-9　流水池的排列

4. 流水池进出水口的建设

（1）进水口　流水池的水是由引水渠道引入，每个鱼池进水口数量应根据鱼池的形状、宽度设置1~2个或多个，长方形的鱼池有的还以滚水坝的建设样式，让渠水以鱼池宽度泻入鱼池，这样一则利于增氧，二则降低流速，减少鱼体逆水的体力消耗。流水池进水方式有溢水式、直射式、散射式、水帘式、喷雾式等。

（2）出水口　鱼池的水通过拦鱼栅从鱼池出水口回归原渠道，出水口分上、下两个出水口。下出水口主要是用来集中排污清洗鱼池和放干或降低池水水位。平时，水由上出水口排出。上出水口的形状、大小根据需要和过水量而定，下出水口为圆锥形的铁球，或用水泥卵石砂浆制成的仿圆球形，作为下水口的闸阀，这种球阀起闭方便，经济实惠，适合生产上应用。

5. 流水池的进水方式

流水池的进水可分为溢水式、直射式、放射式、水帘式等进水方式。

(1) 溢水式　开放的进水槽横架于池顶上方，或沿着池壁围建成环形进水槽，槽侧具小闸门，水由此处流入池内。在进水槽口设置拦鱼设备，以防止鱼逃入进水沟中。由于进水是明沟，水已失去冲击动力，池内水质往往不均匀，也不利于集污和排污。该进水方式的优点是施工简单，使用水泥槽或木槽即可。而其余各进水方式均需管道输送。

(2) 直射式　水由射水孔直接射向水面。管上有若干射水孔，水由此射向池内。长方形鱼池进水口开设在长轴一端，与另一端的出水口相对。圆形鱼池的进水管横架于池顶上方，在进水横管的前后各半段上设一排数目相等而方向相反的射水孔。或沿池壁设环形进水管，沿进水管切线方向设若干鸭嘴状喷管。鱼池的这两种进水方式，都能使池水形成旋转式水流，这就有利于集污和排污，且池内水质较均匀。该进水方式的缺点是不能任意加大流量。在需要提高换水率时，若进水量太大，会使水流太快而影响鱼类正常生活，也容易流失饵料。在换水不超过每小时 1 次而又附有其他增氧措施的情况下，该进水方式是优越的。

(3) 散射式　为解决直射式的缺点，可将进水横管的射水孔改成乱向排列，环形进水管的射水孔向池中央上空喷射，使进水射向空中再散落到池内。这样就不会形成流速太大、方向一致的水流，同时又有曝气增氧的作用。但由于不能形成旋转水流，故不利于圆池的集污和排污。为此，可增设能形成旋流的进水管，临时用于集污、排污。该进水方式可用于长方形鱼池，以弥补长池一端进水造成水质不均匀的弊病。

(4) 水帘式　进水管沿鱼池四周形成环管，在环管上密排 1 圈砂眼状喷孔，使水向池中央上空呈抛物线状喷出并交织在一起形成伞状水帘。该进水方式的优点是具有较好的曝气增氧效果，但缺点是影响鱼类在水面摄食，也不便于观察鱼群的活动情况。

6. 流水池的主要设施建设

流水池的主要设施包括进排水及调节系统、拦鱼设施、排污设施等。进排水调节系统的主要作用，一是引入新鲜的水源，使流水池常年处于高溶氧状态，满足淡水鱼高密度流水饲养时对水体溶氧的需求。二是控制引入和排出的水量，使流水池能长期保持一定的水位。在饲养的中后期还可以利用控制排水系统进行调节排水量，提升流水池的水位，有利于淡水鱼的生长。

流水池的进排水口要设置鱼栅，以免逃鱼。在水池的进排水口处，还应加设水流和水量的控制系统，以调节池中的水流和换水量，圆形水池的排水口和排污口合并在一起，设置在水池的底部，在排水口应加设铁丝网或鱼用网片，防止鱼逃跑。

> ➡ **【提示】** 排污设施的主要作用是清除流水池中鱼排出的粪便、代谢的废物及剩余的饲料，避免败坏水质。

四 鱼种放养

1. 放养前的准备

流水池使用前要检查流水池是否有缺损，能否保水，进排水是否顺畅。在基本条件具备后，再用漂白粉或生石灰进行消毒，放水冲洗干净。

2. 鱼种放养的要求

（1）水质要求 水质清新，各项理化指标符合养殖要求。

（2）鱼种质量

1）鱼种规格要整齐，体质健壮，没有病害，否则会造成鱼种生长速度不一致，大小差别较大，影响出池。

2）下池前要试水，两者的温差不要超过2℃，温差过大时，要调整温差。

3）下池前，要对鱼体进行药物浸洗消毒，当水温在 $20 \sim 24℃$ 时，用 $10 \sim 15 g/m^3$ 的高锰酸钾溶液浸洗鱼体 $15 \sim 25 min$，杀灭鱼体表的细菌和寄生虫，预防鱼种下池后被病害感染。

4）搬运时的操作要轻，避免碰伤鱼体。

（3）鱼种放养的规格　放养到流水池的鱼，以人工饲料为食。因此，要求鱼种能够摄食人工颗粒饲料，规格在 100g 为宜。

（4）苗种放养的密度　流水池水流充足，溶氧丰富，放养密度比其他养殖方式大。但放养密度有一个限度，在这个限度内，放养密度越高，产量越高；超过这个限度，就会产生相反的效果。流水养鱼在保证饲料、排污畅通、管理得力的前提下，水中的溶氧量是影响密度的主要因素。因此，放养规格和密度要因地制宜，并根据放养规格，进水流量（溶解氧含量），饵料来源来确定。流水池养殖时，鱼种的放养密度一般为每立方米水体 300 ~ 500 尾。

以最大的载鱼量和初放养量作为确定合理放养密度的标准。流水池饲养淡水鱼时，影响淡水鱼密度的因素是多方面的，但溶氧量是影响淡水鱼放养密度的主要因素。鱼池的最大载鱼量可按下式计算：

$$W = \frac{(A_1 - A_2)Q}{R}$$

式中：W 是最大载鱼量（kg/全池）；A_1 是注入水的溶氧量（g/m³）；A_2 是维持淡水鱼正常生长最低溶氧量（2.5g/m³）；Q 是注水流量（m³/h/全池）；R 是鱼类耗氧量，淡水鱼为 0.40 ~ 0.45g/kg/h。

因为最大载鱼量是指淡水鱼在流水池中的总重量，在实际操作中要求明确具体的放养尾数。淡水鱼在流水池中进行饲养时，其具体的放养尾数可按下式进行计算：

$$I = \frac{W}{S}$$

式中：I 是放养尾数（尾/全池）；W 是最大载鱼量（kg/全池）；S 是计划养成规格（kg/尾）。

举例：某流水池的水体体积为 30m³，单养淡水鱼时的最大载鱼量为 600kg，成活率为 80%，要养成的淡水鱼每尾重 1500g，其放养量则为：［600kg/1.5（kg/尾）］/80% = 500 尾。

五　饲料与投喂

流水养殖时，淡水鱼完全靠人工饲料来生长，因此，人工饲料要求营养全面，营养价值高。目前，流水养殖淡水鱼所用的饲料基本上是人工配合全价颗粒饲料。

1. 投喂原则

与池塘养殖、网箱养殖一样，流水高密度养殖淡水鱼的投喂原则也是"四看"和"四定"。

2. 投喂量的确定

日投喂量主要根据季节、水温和淡水鱼的重量来确定。5～6月，当水温在18～23℃时，投喂量为体重的5%～7%；6～9月，水温较高，投喂量为8%～12%；水温超过35℃时停止投喂。每天投喂量还应根据当天的气候、水质、食欲、浮头、鱼病等情况确定增加或减少。

3. 投喂方法

流水池中设置一定数量的饵料台，饲料投喂到饵料台上。每天的投喂次数为4～6次，下午的投喂量应多于上午，傍晚的投喂量应最多。投喂应在鱼种放养后1～2天才开始，投喂时应减少或停止进水。日投喂量也应根据水温、季节来确定。

在投喂时，不同的水池应采取不同的投喂方法，一般采用手撒的方法。串联或并联的流水池，投喂的地点可选择在流水池的周边。对于圆形或椭圆形的流水池，投喂的地点也应选择在水池的周边，投喂时，如果流水池中的水流量较大，则应将进水阀调小，以免将投喂的饲料冲走。首先，要驯化鱼类浮到水面抢食。具体做法是，先让鱼饥饿1～2天，然后在固定位置敲击铁桶，同时喂食，经过最多1周驯化，鱼类就能形成听到声响便集群上浮水面抢食的条件反射。因为流水池流速较大，投喂点最好在入水口附近，投喂要一小把一小把地撒，每一粒料都让鱼吃掉，以免浪费。每次投喂时间为10～20min。每次让鱼达到八成饱，始终保持旺盛的食欲。

其次，不同个体的鱼，对饵料营养的要求不一样。饲养过程中，饵料配方应随着鱼个体的增重而调整，另外一定要使颗粒的粒径与鱼类大小相适应，颗粒料的直径一般是按鱼体重量而定。鱼体重25～100g投喂直径为2mm；鱼体重100～250g，投喂直径为4mm；

鱼体重 250~600g，投喂直径为 6mm；鱼体重 600g 以上，投喂直径为 8mm。

六 日常管理

日常管理工作包括调节流量、排污、观察鱼的活动、注意水质变化、防病、防逃等。

1. 调节流量

流水养殖淡水鱼时，应根据鱼体总重量的变化、水体溶氧含量的变化、水温的变化、水源来量的变化随时调节池水的流量，以保证池水的溶氧量。流水池养殖淡水鱼要求溶氧在 5mg/L 以上，水交换量为每次 20~30min，水流速为 0.1~0.15m/s。池水的水交换量不宜过大，过大会迫使淡水鱼逆水游泳，消耗其体力，影响吃食，以至影响到生长。

2. 观察鱼的动态

观察淡水鱼的活动状况，注意流水池中水质的变化。在正常的水环境中，淡水鱼游泳能力强，争食强烈。池水缺氧或水质变坏时，淡水鱼游动无力或浮头，影响摄食生长。发现淡水鱼活动异常时，应加大水交换量，进行人工排污和增氧。

3. 定时排污

排污是保证池水清新的主要措施。因为流水饲养淡水鱼的放养密度大，日投饲量也较多，淡水鱼排出的粪便、代谢物及残饵等也相应增多。这些有机物在水中分解耗氧，并产生一些有害物质，对鱼类的危害很大，因此必须经过排污系统排出池外。污物都沉于水底，不能从溢水口排出，必须经排水排污系统排出。根据淡水鱼的密度及污物的多少，一般每天排污 2~4 次，以确保水质清新，保证淡水鱼生活在适宜的溶氧环境中。如果发生排污管堵塞等情况，则要人工清理排污管并进行人工排污。

4. 及时防病

发生鱼病时相互传染快，暴发性强，能短时间内引起流水池中的暴发性鱼病。因此，要特别注意做好鱼病的防治工作。

（1）定期消毒 停止进水，用漂白粉消毒，用量为 5~8mg/kg，浸泡时间为 10~15min，然后开闸进水即可。

（2）定期投喂药饵 定期投喂药饲，预防肠道疾病的发生，每万尾鱼用 90% 的晶体敌百虫 50g，混入饲料中，每 7～10 天投喂 1 次，每次连续 3 天；或每千克饲料拌和呋喃唑酮 2g，连续投喂 1 周。

5. 防洪

流水池多在山区，夏秋季山洪暴发常危及鱼池生产安全，因此在择址时要避免在洪水泛滥区，平时一定要注意进出水口的畅通，要加强日夜巡逻，特别是夜间随时捞出拦污栅的水草和污物，定期检查排水中的拦鱼栅是否跑鱼，是否被堵后出水不畅。流水池在安全适宜的流量范围，流入水越多，排出水越畅，鱼的生活环境越好，生长得也快，如果流量太大，或者洪峰时大水漫灌，将产生灾难性的后果。

6. 防敌害

水獭、水老鼠、水蛇、野猫和一些水鸟都喜欢吃鱼，一旦钻进流水池就会造成严重伤害，所以在流水池范围内，要日夜看守，以防损失。

7. 防干旱

由于人为因素，目前许多天然水源水流并不稳定，有时流量不够，有时甚至断流。流水池水流一旦不足，密集的鱼群会很快窒息。遇到上述情况，要将鱼及时转移到外河、水库以网箱或竹箔圈养。因此，流水渔场要备一些网箱，找好备用水源，以防不测。

8. 防毒

流水池鱼类集中，要防止农田施药后的水流入鱼池，更要防止坏人投毒，以免不必要的损失。

9. 防盗

要建立乡规民约和必要的制度，落实承包责任制，采取联户巡逻，将偷盗分子绳之以法，维护养鱼者利益。

七 捕捞

流水养殖淡水鱼时，捕捞是比较容易的。停止进水，将水放出至一定深度，用抄网捞取即可。

第七节　稻田养殖淡水鱼

稻田养殖淡水鱼是指将稻田这种潜在水域加以改造和利用，用来养殖淡水鱼的一种模式，进行稻田养殖淡水鱼不仅投资省、见效快，而且还有节肥、增产、省工的好处。

我国许多地区都有稻田养鱼的传统，在养鱼效益下降的情况下，推广稻田养殖淡水鱼可为稻田除草、除害虫，令其少施化肥、少喷农药。有些地区还可在稻田采取中稻和淡水鱼轮作的模式，特别是那些只能种植1季的低洼田、冷浸田，采取中稻和淡水鱼轮作的模式，经济效益很可观。

一　稻田养殖淡水鱼的原理

稻田养殖淡水鱼共生原理的内涵就是以废补缺、互利助生、化害为利，在稻田养鱼实践中，人们称为"稻田养鱼，鱼养稻"。稻田是一个人为控制的生态系统，稻田养了鱼，促进稻田生态系统中能量和物质的良性循环，使其生态系统又有了新的变化。稻田中的杂草、虫子、稻脚叶、底栖生物和浮游生物对水稻来说不但是废物，而且都是争肥的，如果在稻田里放养淡水鱼，不仅可以利用这些生物作为饵料，促进鱼的生长，消除争肥对象，而且淡水鱼的粪便还为水稻提供了优质肥料。另外，鱼在田间栖息，游动觅食，疏松了土壤，破碎了土表"着生藻类"和氮化层的封固，有效地改善了土壤通气条件，又加速了肥料的分解，促进了稻谷生长，从而达到鱼稻双丰收的目的。同时鱼在水稻田中还有除草保肥作用和灭虫增肥作用。

> ⮞ **【提示】**　总之，稻田养鱼是综合利用水稻、淡水鱼的生态特点达到稻鱼共生、相互利用，从而使稻鱼双丰收的一种高效立体生态农业，是动植物生产有机结合的典范，是农村种养殖立体开发的有效途径，其经济效益是单作水稻的1.5~3倍。

二　稻田养殖淡水鱼的类型

根据生产的需要和各地的经验，稻田养鱼的模式可以归类为三种类型：

1. 稻鱼兼作型

就是边种稻边养鱼，稻鱼两不误，力争双丰收，在兼作中有单季稻养鱼和双季稻田中养鱼的区别。单季稻养鱼，顾名思义就是在1季稻田中养鱼，这种养殖模式主要在江苏、四川、贵州、浙江和安徽等地利用，单季稻主要是中稻田，也有用早稻田养鱼的。双季稻养鱼，顾名思义就是在同一稻田连种2季水稻，鱼也在这2季稻田中连养，不需转养，双季稻就是用早稻和晚稻连种，这样可以有效利用一早一晚的光合作用，促进稻谷成熟，广东、广西、湖南、湖北等地利用双季稻田养鱼的较多。

2. 稻鱼轮作型

也就是种1季水稻，然后接着养1茬淡水鱼，第二年再种1季水稻，待稻谷收割后接着养淡水鱼的模式，做到动植物双方轮流种、养，稻田种早稻时不养鱼，在早稻收割后立即加高田埂养淡水鱼而不种稻。这种模式在广东、广西等地推广较快，它的优点是利用本地光照时间长的优势，当早稻收割后，可以加深水位，人为形成一个个深浅适宜的"稻田型池塘"，有利于保持稻田养鱼的生态环境（图2-10）。

图2-10　稻鱼轮作型稻田养鱼

3. 稻鱼间作型

这种方式利用较少，也主要是在华南地区采用，即利用稻田栽秧前的间隙培育鱼种。

三 田间工程建设

对养鱼的稻田进行适当的田间工程建设，是最主要的一项工程，也是直接决定养鱼产量和效益的一项工程，千万不能马虎。

1. 稻田的选择

养鱼的稻田要有一定的环境条件才行，不是所有的稻田都能养鱼，一般的环境条件主要有以下几种。

(1) 水源 养鱼稻田，应选择水源充足，水质良好，雨季水多不漫田、旱季水少不干涸、无有毒污水及低温冷浸水流入、周围无污染源、保水能力较强的田块，农田水利工程设施要配套，有一定的灌排条件，低洼稻田更佳。

(2) 土质 土质要肥沃，由于黏性土壤的保持力强，保水力也强，渗漏力小，因此这种稻田是可以用来养鱼的。而矿质土壤、盐碱土及渗水漏水、土质瘠薄的稻田均不宜养鱼。

(3) 面积 面积少则十几亩，多则几十亩，上百亩都可以，面积大比面积小更好。

(4) 其他条件 稻田周围没有高大树木，桥涵闸站配套，通水、通电、通路。

2. 开挖鱼沟和鱼溜

为了保证鱼类在晒田、打农药和施化肥期间的安全生长，养鱼稻田必须开挖鱼沟和鱼溜，且沟、溜应相通。

养鱼稻田的田埂要相对较高，正常情况下要能保证围出 50 ~ 80cm 深的水。除了田埂要求外，还必须适当开挖鱼沟，这是科学养鱼的重要技术措施，稻田因水位较浅，夏季高温对鱼的影响较大，因此必须在稻田四周开挖环形沟，早稻田一般在秧苗返青后，在田的四周开挖，叫环沟或围沟。晚稻田一般在插秧前挖好。面积较大的稻田，还应开挖"十"字形、"田"字形、"川"字形或"井"字形的田间沟。如果既有环沟又有"十"字沟，则要沟沟相通。环形沟距田间 1.5m 左右，上口宽 3m，下口宽 0.8m；田间沟宽 1.5m，深 0.5 ~ 0.8m，坡比 1:2.5。鱼沟既可防止水田干涸和作为烤稻田、施追肥、喷农药时鱼的退避处，也是夏季高温时鱼的栖息、隐蔽、遮阴场所，沟的总面积占稻田面积的 8% ~ 15% 左右（图 2-11）。

图 2-11　做好中间埂的稻田

> **【提示】**　鱼溜的位置可以挖在田角上，最好把进水口也设在鱼溜处。整块田不能因为挖鱼沟和鱼溜而减少秧苗的株数，做到秧苗减行不减株（图 2-12、彩图 2-4）。

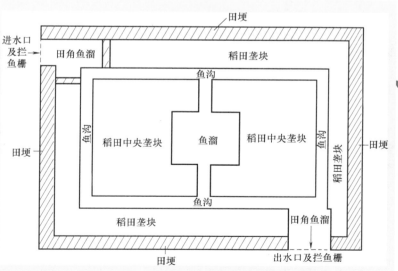

图 2-12　稻田养鱼工程示意图

3. 加高加固田埂

为了保证养鱼稻田达到一定的水位，增加鱼活动的立体空间，在4月整田时，须加高、加宽、加固田埂，平整田面，可将开挖环形沟的泥土垒在田埂上并打紧夯实，确保田埂高1.0～1.2m，宽1.2～1.5m，田埂加固时每加一层泥土都要打紧夯实，要求做到不裂、不漏、不垮，在满水时不能崩塌跑鱼。在山脚边的养鱼稻田更必须挖好排水沟，以便洪水来时能及时排水，田埂是鱼类防逃的重要设备之一。

4. 拦鱼栅

拦鱼栅是用竹、木或网制作的拦鱼设备，安设在稻田的进、出水口处或田埂中，以防鱼溯水外逃。

稻田开设的进排水口应用双层密网防逃，同时也能有效地防止蛙卵、野杂鱼卵及幼体进入稻田危害鱼。同时为了防止夏天雨季冲毁堤埂，稻田应开施一个溢水口，溢水口也用双层密网过滤，防止鱼乘机逃走。

四 放养前的准备工作

1. 及时杀灭敌害

放鱼前10～15天，清理环形鱼沟和田间沟，除去浮土，修正垮塌的沟壁，每亩稻田环形沟和田间沟用生石灰20～50kg进行彻底清沟消毒，或选用鱼藤酮、茶粕、漂白粉等药物杀灭蛙卵、鳝、鳅及其他水生敌害、寄生虫和致病菌等。

2. 施足基肥，培肥水体，调节水质

为了保证鱼有充足的活饵供取食，可在放种苗前1周，往田间沟中注水50～80cm，然后施有机肥来培养饵料生物，常用的有干鸡粪、猪粪，每亩施农家肥500kg，一次施足，并及时调节水质，确保养鱼水质保持"肥、活、嫩、爽、清"的要求。

五 水稻栽培

稻田养鱼后，稻田的生态条件由原来单一的植物生长群体变成了动物、植物共生的复合体。因此，水稻栽培技术也应随之改进。

1. 水稻品种选择

由于各地自然条件不一，稻田养鱼的水稻品种也各有特色。其

原则是，水稻品种要选择经国家审定适合本区域种植的优质高产高抗品种，品种特点要求叶片开张角度小且茎秆粗硬，属于抗病虫害、生长期较长、分蘖力强、耐淹、株形紧凑、抗倒伏且耐肥性强的紧穗型品种，目前常用的品种有丰两优系列、新两优系列、两优培九、威优64、威优35、汕优63、汕优6、南优6、汕优系列、武育粳系列、协优系列等优质高产杂交水稻或高产大穗常规稻品种。

2. 整地方式和要求

先施基肥后整地，用机械干耕，后上水耙田，再带水整平。

3. 施肥方式和使用量

中等肥力田块，每亩施腐熟厩肥3000kg，氮肥（N）8kg，磷肥（P_2O_5）6kg，钾肥（K_2O）8kg，均匀撒在田面并用机器翻耕耙匀。

4. 育苗和秧苗移植

全部采用肥床旱育模式，稻种浸种不催芽，直接落谷，按照肥床旱育要求进行操作。

1）秧苗类型以长龄壮秧，多蘖大苗为主。移栽后，可减少无效分蘖，提高分蘖成穗率，并可减少和缩短烤田次数和时间，改善田间小气候，减轻病虫害，从而达到稻、鱼双丰收。

2）秧苗采用壮个体、小群体的栽培方法，即在整个水稻生长发育的全过程中，个体要壮，以提高分蘖成穗率，群体要适中。这样可避免水稻总茎蘖数过多、叶面系数过大、封行过早、光照不足、田中温度过高、病害过多、易倒伏等不利因素。

3）一般在5月中旬、秧龄达30～35天开始移植，移栽时水深3cm左右，采取宽行窄距、条栽与边行密植相结合、浅水栽插的方法，确保鱼类生活环境通风透气性能好，养鱼稻田宜提早10天左右。这种条栽方式，稻丛行间透光好，光照强，日照时数多，湿度低，病虫害轻，能有效改善田间小气候。既为鱼类创造了良好的栖息与活动场所，也为水稻提供了优良的生长环境，有利于提高成穗率和千粒重。

早稻株行间距以23.3cm×8.3cm或23.3cm×10cm为佳。晚稻如常规稻株行间距为20cm×13.3cm，杂交稻株行间距为20cm×16.5cm为佳。水稻栽插密度应根据水稻品种、苗情、地力、茬口等具体条件而定。例如，杂交稻中苗栽插，通常为 2.0 万穴左右，8 万～10万基本苗；杂交稻大苗栽插，密度为 2.5 万～3 万穴，15 万～17 万基本苗；常规稻采用多蘖大苗栽插，密度为 3 万穴左右，18 万基本苗。地力肥、栽插早的稻田，密度还可以适当稀一些。稻田养鱼开挖的鱼溜、鱼沟要占一定的栽插面积，为保证基本苗数，可采用行距不变，适当缩小株距，增加穴数的方法来解决；并可在鱼沟靠外侧的田埂四周增穴、增株，栽插成篱笆状，以充分发挥和利用边际优势，增加稻谷产量。

4）稻田以施有机肥料为主，化肥为辅　要重施基肥、轻施追肥，提倡化肥基施，追肥深施和根外追肥。

六　鱼苗、鱼种放养

1. 培育夏花

如果是利用稻田将当年 5～6 月繁育的鱼苗养成夏花，通常每亩2 万～4 万尾。

2. 培育大规格鱼种

如果是利用稻田将夏花养成鱼种，通常为每亩放养夏花 3000 尾左右，亩产达 50kg 左右，其中草鱼、团头鲂占 70%，鲤、鲫鱼各占10%，鲢、鳙鱼各占 5%。如不投饵，则放养量降低 1/3～1/2。

3. 养殖成鱼

如果是利用稻田将 2 龄鱼种养成食用鱼，通常每亩放养 8～15cm的鱼种 400～600 尾，亩产 100～150kg。

（1）主养草鱼类型　通常亩放草鱼 250～300 尾，规格 30～50g/尾；鲤鱼或鲫鱼 50 尾，规格 15～50g/尾；罗非鱼 100～150 尾，规格 10～20g/尾。

（2）主养罗非鱼类型　通常亩放罗非鱼种 500～600 尾，规格10～20g/尾；草鱼 50～100 尾，规格 30～50g/尾；杂交鲤鱼 50～60尾，规格 15～50g/尾。

（3）主养革胡子鲶类型　通常亩放革胡子鲶 500～800g，规格7～10cm/尾；鲫鱼 50 尾，规格 10～50g/尾；罗非鱼 100～150 尾，规格 10～20g/尾。

（4）主养杂交鲤类型　通常亩放杂交鲤 300～350 尾，规格 15～

50g/尾；罗非鱼200~250尾，规格10~20g/尾；草鱼30~50尾，规格15~50g/尾。

4. 放苗操作

在稻田中放养鱼苗和鱼种，一般选择晴天早晨和傍晚或阴雨天进行，这时天气凉快，水温稳定，有利于放养的鱼适应新的环境。鱼苗鱼种在放养时要试水，试水安全后，才可以投放。放养时，沿沟四周多点投放，使苗种在沟内均匀分布，避免过分集中。

> ⚠ **【注意】** 鱼苗、鱼种在放养时，要注意鱼的质量，同一田块放养规格要尽可能整齐，放养时一次放足。放养鱼种时用3%~4%的食盐水浴洗10min消毒。

七 水位调节

水位调节，是稻田养鱼过程中的重要一环，既要满足水稻的生长，又要考虑鱼类生长的需要，应以稻为主，在可能的情况下，尽量加深水位。在水稻栽插期间要浅水灌溉，返青期保持水位4~5cm，以利活株返青。在鱼种放养初期，田水宜保持在10cm左右，但因鱼的不断长大和水稻的抽穗、扬花、灌浆均需大量水，所以可将田水逐渐加深到20~25cm，以确保两者（鱼和稻）需水量。在水稻有效分蘖期采取浅灌，保证水稻的正常生长；进入水稻无效分蘖期，水深可调节到20cm，既增加鱼的活动空间，又促进水稻的增产。同时，还应注意观察田沟水质变化，一般每3~5天加注新水1次；盛夏季节，每1~2天加注1次新水，以保持田水清新。晚稻田控水，因插晚稻时气温高，必须加深田水，以免秧苗晒死，这对鱼和稻都是有利的。

八 转田

双季稻养鱼的转田工作，也是稻田养鱼工作的重要一环。早稻收割到晚稻插秧期间有犁田、耙田的农活要做，这些农活往往会造成一部分鱼死亡，为了避免这种损失，必须做好转田工作。

转田工作应发挥鱼沟和鱼溜的作用。就是在收割早稻前缓慢放水，让鱼沿着鱼沟游到鱼溜里来。或者把稻谷带水割完，打水谷，然后将鱼通过鱼沟集中到鱼溜中，用泥土暂时加高鱼溜四周，引入新鲜清水，使鱼溜变成一个暂养流水池，待犁耙田结束，再把鱼放入整个田中，然后插晚秧，这种方式有时也会造成部分鱼死亡。

【小窍门】>>>>

> 利用鱼沟鱼溜，把鱼从早稻田转入小池塘中暂养，待插完晚秧后，再把鱼放入稻田，这种方法死鱼很少。

九 投饵管理

稻田中杂草、昆虫、浮游生物、底栖生物等天然饵料较多，每亩可形成 10～20kg 的天然鱼产量。但要达到 100kg 以上的鱼产量，必须采取投饵施肥的措施。

通过施足基肥，适时追肥，培育大批枝角类、桡足类和底栖生物。在稻田中养殖淡水鱼，一般不需要多投饵，如果稻田太瘦，水体中的活饵料太少，不足以满足淡水鱼的生长发育时，就需要另外投喂配制好的配合饲料，如油饼类、糠麸类饲料。在人工饲料的投喂上，实行定时、定位、定量、定质投饵技巧。食场设在鱼溜或鱼沟内，每天投喂一次，平时要坚持勤检查鱼的吃食情况，当天投喂的饵料在 2～3h 内被吃完，说明投饵量不足，应适当增加投饵量，如在第二天还有剩余，则投饵量要适当减少。

7～9月上旬以投喂植物性饲料为主，9月上旬～11月上旬多投喂一些动物性饲料。冬季每 3～5 天在中午天气晴好时投喂 1 次。从第二年 3 月开始，逐步增加投喂量。

十 科学施肥

养鱼稻田一般以施基肥和腐熟的农家肥为主，基肥要足，促进水稻稳定生长，保持中期不脱力，后期不早衰，群体易控制，达到肥力持久长效的目的，每亩可施农家肥 300kg，尿素 20kg，过磷酸钙 20～25kg，硫酸钾 5kg，在插秧前一次施入耕作层内。放鱼后一般不施追肥，以免降低田中水体溶解氧，影响鱼的正常生长。如果发现脱肥，可少量追施尿素，每亩不超过 5kg，或用复合肥 10kg/亩，或用人、畜粪堆制的有机肥，不宜施用化肥或绿肥。粪肥须经过腐熟发酵后泼洒全田，但不宜施入鱼沟、鱼溜内。施肥量可按池塘施追肥量的 1/4 ~ 1/3。

在稻田管理中有一项重要的施肥要求就是巧施促蘖肥，通常在栽秧后 5 天，每亩施尿素 10kg。栽秧后 35 ~ 40 天，每亩施尿素 5kg，促进分蘖。

> **【提示】** 施肥的方法是，先排浅田水，让鱼集中到环沟、田间沟中再施肥，有助于肥料迅速沉积于底泥中并为田泥和禾苗吸收，随即加深田水到正常深度。也可以采取少量多次、分片撒肥或根外施肥的方法。

十一 科学施药

稻田养鱼，鱼摄食了部分害虫和生长的杂草，减少了虫害和草害，也就减少了除草剂及农药的施用，但毕竟不能完全消灭虫害，特别是细菌性病害（如稻瘟病、纹枯病等）。因此稻田施药杀灭病害是稻作不可缺少的。

1. 生物防治

在稻田中养鱼施药的原则是能不用药时坚决不用，需要用药时则选用害虫天敌、高效低毒的农药及生物制剂。

我国稻田病虫害的天敌种类较多，如稻田蜘蛛是水稻二化螟、稻纵卷叶螟、稻飞虱、稻叶蝉等害虫的最大天敌。其他还有盲蝽、陷翅虫、步甲虫等捕食性天敌，可以控制和减轻虫害的发展。此外可采取生物制剂防治。如采用 Bt 乳剂防治水稻纹枯病，苏云金杆菌新菌株制剂 82-6（4）-2 对水稻螟虫具有良好的防治效果，同时具有杀虫力强、杀虫谱广、生产性能好等优点。

2. 选用高效、低毒、低残留、广谱性的农药

在稻田和鱼发病时，首先要科学诊断，对症下药，禁止选用对鱼类有剧毒的农药，应选对病虫害高效、对鱼类低毒及低残留的农药。通常多选用水剂或油剂农药，少选用粉剂农药。

3. 科学施药

1）在喷洒农药时，一般应加深田水或使田水呈微流水状态，降

第二章 淡水鱼的高效养殖方式

91

低药物含量，减少药害，也可放干田水再用药，待8h后立即上水至正常水位。

2）施农药时要注意严格把握农药安全使用含量，确保鱼的安全，粉剂药物应在早晨露水未干时喷施，水剂和乳剂药应在下午喷洒，因稻叶下午干燥，能保证大部分药液吸附在水稻上，尽量不喷入水中。喷洒时，喷嘴或喷头向上，采用弥雾状、细喷雾，以增加药物在稻株上的黏着力，避免粉、液直接喷入水中。这样既能提高防止病虫害的效果，又能减少药物对鱼类的危害。

3）做好回避措施，施放农药前，先疏通鱼沟和鱼溜，然后降低田水，但是降水速度要缓，等鱼游进鱼沟后再施药。

4）可采取分片分批的用药方法，即先施入稻田一半，过两天再施另一半，同时尽量要避免农药直接落入水中，保证鱼的安全。

4. 稻谷病害的防治

对于水稻的虫害，基本上是不用防治的，有不少鱼是可以有效地吞食虫害做饵料，但是对于水稻特有的一些疾病，还是要积极预防和治疗的。在分蘖至拨穗期，每亩用25g 20%井冈霉素可湿性粉剂2000倍液喷雾，预防纹枯病，同期每亩用100g含量为20%三环唑可湿性粉剂500倍液或用50%消菌灵40g加水喷雾，防治稻瘟病。水稻拨节后，每亩用20%粉锈宁乳油100mL1500倍液或用增效井冈霉素250g加水喷雾，防治水稻叶尖枯病、稻曲病、云形病等后期叶类病害。

十二 科学晒田

水稻在生长发育过程中的需水情况是在变化的，养鱼的水稻田，养鱼需水与水稻需水是主要矛盾。田间水量多，水层保持时间长，对鱼的生长是有利的，但对水稻生长却是不利的。农谚对水稻用水进行了科学的总结，即"浅水栽秧、深水活棵、薄水分蘖、脱水晒田、复水长粗、厚水抽穗、湿润灌浆、干干湿湿。"因此有经验的老农常常会采用晒田的方法来抑制无效分蘖，促进根系的生长，健壮茎秆，防后期倒伏，一般是当茎蘖数达到计划穗数的80%～90%开始自然落干晒田，这时的水位很浅，这对养鱼是非常不利的，因此要做好稻田的水位调控工作是非常有必要的，生产实践中我们总结出一条经验，那就是"平时水沿堤，晒田水位低，沟溜起作用，晒田不伤鱼"。水稻根系有70%~90%分布在表层20cm之内的土层，而开挖鱼沟要求深不少于50cm，鱼溜深不少于100cm，烤田时，把鱼沟里的水位降低20cm，沟内还有30cm、鱼溜还有80cm深的水位。这样既可达到水稻烤田时，促下控上的目的，又不影响鱼类正常生长。因此在晒田前，要清理鱼沟鱼溜，严防鱼沟里有阻隔与淤塞。晒田总的要求是轻晒轻烤或短期晒，晒田时，不能完全将田水排干，沟内水深保持在20cm，使田块中间不陷脚，田边表土不裂缝和发白，以见水稻浮根泛白为适度。晒田时间尽量要短，晒好田后，及时恢复原水位。尽可能不要晒得太久，以免鱼缺食太久影响生长，而且发现鱼有异常应时，则要立即注水（图2-13）。

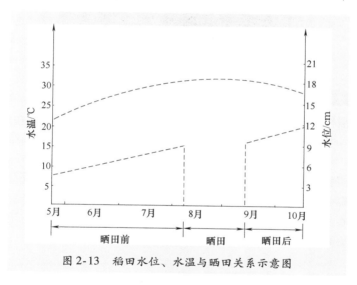

图2-13　稻田水位、水温与晒田关系示意图

十三　其他管理工作

　　其他的日常管理工作包括勤巡田、勤检查、勤研究、勤记录。坚持早晚巡田，检查沟内水色变化和鱼的活动、摄食、生长情况，决定投饵、施肥数量；检查堤埂是否塌漏，平水缺、进出水口筛网、拦鱼设施是否牢固，防止逃鱼和敌害进入；检查鱼沟和鱼溜，及时清理，防止堵塞；汛期防止漫田而发生逃鱼的事故；检查水源水质

情况，防止有害污水进入稻田；高温季节，每10天换1次水，每次换水1/3，每20天泼洒1次生石灰水调节水质。稻田中田鼠和黄鳝都会在田埂上打洞，往往会造成漏水逃鱼，应细致检查，发现后及时堵塞（图2-14）。

图2-14　检查稻田里的水质情况

十四　稻谷收获与捕鱼

稻谷收获一般采取收谷留桩的办法，然后将水位提高至40～50cm，并适当施肥，促进稻桩返青，为鱼提供避阴场所及天然饵料来源。

捕鱼前数天，应先疏通鱼沟、鱼溜，挖去淤泥。然后缓慢放水，使鱼集中在沟、溜中，然后用手抄网等网具在沟、溜中捕鱼。捕出的鱼放入盛水的桶中，然后送往事先放在池塘或河沟的网箱中，以清洗鱼鳃内残存的泥沙。

第八节　大水面养殖淡水鱼

在我国内陆水域中，除了人工开挖的池塘、水泥池养鱼、流水养鱼和全封闭型循环水养殖工程之外，均属于大水面养殖，包括江河、湖泊、水库、河道、荡滩、低洼塌陷地、海子等，这些水体都可以因地制宜地发展淡水鱼的养殖。

这些大水面是我国重要的国土资源之一，在水产养殖上也具有重要的地位，开发利用大水面渔业资源具有节地、节粮、节能和节水的优点，是改善人们的食物结构，增加市场有效供给，实现渔民共同富裕的重要途径。在全国 500 万公顷可养殖水体中，湖泊、水库、河道和荡滩等大水面约占 80%，过去长期以来都把它们用于"靠天收"的捕捞式养鱼方式，如果在这些大水面中适当放养一些淡水鱼苗种，充分利用这些天然水体中的天然饵料，将会使淡水鱼的养殖发展走上一个更大的台阶。

一 开发利用大水面养殖淡水鱼的方式

各种不同的大水面有它们本身的特点，水域内的天然饵料组成成分也不一而足，因此开发大水面一定要做到因地制宜，要综合各种水体的生态环境、水域周边地区的经济实力和管理水平，采用多种实用技术和养殖方法来促进淡水鱼养殖事业的发展（彩图 2-5）。

根据各地的经验，我们总结了开发利用大水面养殖淡水鱼的几种方式。

1. 浅型湖泊

它们的特点是水位浅，滩涂多，在这些大水面中养殖淡水鱼的方式很多，在湖库滩地，开沟挖渠，建设精养鱼池，水深不足 1m 的浅水区，栽种水生经济植物和淡水鱼轮养的方式，例如可以考虑菱角与河蟹、龙虾的混养；也可以采取低坝高栏和网坝结合的提水养鱼方式进行半精养淡水鱼；在水深 1～3m 的开敞水域可以进行围栏养殖和网箱养淡水鱼，例如可以用网箱养殖斑点叉尾鮰。

2. 小型湖荡

它们的特点是水面小，但是一般这种水域的生产条件都比较优越，多属于富营养类型，有较长的养鱼历史，养殖技术已经过关，从鱼种到成鱼都能实行"三网"配套养殖，是我国当前发展大水面养殖淡水鱼的重点水域。

3. 中型湖库

它们的特点就是天然饵料生物资源丰富，适宜淡水鱼的繁殖和生长，在这些水域中，在发展淡水鱼养殖时，一般是以粗养为主，但要注意对环境资源的保护，在这个前提条件下，可以实行网箱养殖、围网养殖、网栏养殖淡水鱼等方式，大幅度提高淡水鱼的产量和经济效益。

4. 大型江河湖库

这些水域主要是以水利、航运、调蓄和灌溉为主要功能，一般不提倡进行大规模的"三网"养殖，在养殖利用淡水鱼的方法上，主要是以蓄养为主，宜采取控制捕捞强度，保护增殖天然淡水鱼如鳜鱼、翘嘴红鲌、银鱼、河蟹等资源为主，设置长年或季节性繁殖保护区和繁殖保护期，进行一些简单的水土改良，灌江纳苗，投放人工鱼巢，人工渔礁或每年可在初秋进行各种鱼类的人工放流，人放天养，粗放粗养，尽可能地提高水域的利用率。

二 在大水面中利用"三网"进行淡水鱼的增养殖

网箱养鱼、网围养鱼、网栏养鱼合称为"三网"养鱼，这是在大水面中进行增养殖的主要技术措施。

1. 网箱养鱼

网箱养殖淡水鱼技术见本章第四节网箱养殖淡水鱼。

2. 网围养鱼

网围养殖淡水鱼技术是在湖泊、河道、水库等开敞水域，用网片围成一定面积和形状，进行养殖生产的一种技术，这种技术可以充分利用大水面水流畅通、溶氧充足、天然饵料生物丰富等生态条件的优势，结合半精养措施，实现淡水鱼的鱼种或成鱼配套养殖、轮捕轮放、均衡上市的高效养殖效果。一般也进行投喂，但投喂量要比精养鱼池少得多。这种技术对水位有一定的要求，平均水深2～3m，最大水深不能超过4m，水位年变幅1～2m，水流平缓，流速变化在1～3cm/s才能进行网围养殖，具体放养密度应以不同的养殖目的灵活掌握，如果是用来培育淡水鱼1龄鱼种的，每亩可放3cm长的淡水鱼夏花1000～1500尾，鲢、鳙鱼和异育银鲫各100尾，待鱼能进食后每天喂精料1次，每亩投料1.0～1.5kg。如果是用来养殖淡水鱼成鱼的，每亩可放养12～15cm的大规格鱼种400尾，同时配养15cm鲢、鳙鱼或7～10cm的鲫鱼各150尾。为了确保淡水鱼有足够的天然饵料，可根据不同的主养淡水鱼采取不同的方式，例如主养翘嘴红鲌、河蟹的，可利用它们喜欢捕食小鱼小虾的特点，每亩放抱卵青虾0.5～1kg。也可投喂自制混合饲料或者购买鱼类专用饲料，实行定质、定量、定时、定位的"四定"方针进行饲料分配和投喂。由于大水面有风浪水流，散碎饲料流失多，所以应提倡投喂颗粒饵料。鱼病防治是以防为主，治疗为辅，在养殖期间，每隔20天左右将漂白粉兑水全池泼洒1次。平时要经常下水查网，特别是石笼缝合处更要仔细检查，发现漏洞或碎石移动、散出，应及时修补。接近水面上下的网片处最易老化，与竹桩经常接触摩擦的网片，易破损，也容易遭到鼠害，因此，必须随时将挂在网上的死鱼、水草清除掉（图2-15）。

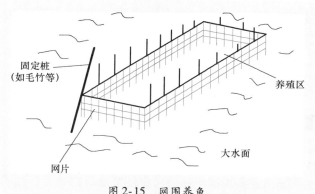

固定桩
（如毛竹等）

养殖区

大水面

网片

图2-15　网围养鱼

3. 围栏养鱼

围栏养殖淡水鱼是在湖湾港汊、湖边岸滩、库湾、河道等水域中，依据水面地形，甩网片，竹箔或金属网拦截一块水体，至少有一边是靠岸的，投放一定数量的鱼种，利用天然和人工饲料，进行养殖生产的一项养鱼技术。在湖泊中称为湖汊养鱼，在水库中称为库汊养鱼。由于这种围栏养殖淡水鱼的方式现在在许多浅水型湖泊被改造成一种新的养殖模式叫"低坝高栏养鱼或低圩高栏养鱼"，这种养殖方式效果非常好，唯一的缺点是对汛期的行洪和泄洪造成极大的影响，现在全国各地已经开始清理，这里也不再鼓励大家进行这种模式来养殖淡水鱼了。

三　大水面养殖淡水鱼的捕捞

在水面中养鱼方式多种多样，总量上应该不是问题，除了网箱养鱼外，真正的问题是如何把养好的鱼从宽阔的水域中取出来，因此捕捞工作是关系到大水面养鱼丰产丰收的重要技术措施之一，也是整个养殖过程中取得成功的最重要的一环，因此大面积养殖时，可按照不同的养殖方法采取不同的捕捞方法。用网箱养殖时捕捞最方便，可直接抓住网衣把网箱向上提起，然后用大的捞网直接将鱼捞起即可。围栏养殖尤其是低坝高栏养殖时，可以先拉网，然后将水抽干起捕就可以了。而网围养殖的起捕是最难的，平时小批量上市时，可以用丝网、抬网、大拉网、鱼簖、围箔、荬网或脉冲电捕等方式来达到分批捕捞、活鲜上市的目的。到了冬季进行集中捕捞时，需将养殖区用网片或竹箔分隔成几块，分批捕捞，来回网捕四次就可以保证起捕率在95%以上。如果面积更大时，就可以采用赶、拦、刺、围、张的联合渔具渔法，来提高起捕率（彩图2-6）。

四 小型湖泊养殖淡水鱼

小型湖泊具有水位较稳定、深度较适中、底部较平坦、天然饵料资源丰富的优点，近年来，我国各地利用小型湖泊养鱼生产发展很快，小型湖泊要实现高产高效，应借鉴池塘精养高产技术，抓住"拦、种、混、管、捕"五大关键环节。

1. 拦鱼

就是要拦好鱼，防止鱼种和成鱼逃跑，这是夺取湖泊养鱼高产的先决条件。常见的拦鱼设备有竹箔、聚乙烯网等。对于放养的河蟹等水产品，还要在竹箔上面挂上30cm的网片作为防逃网。

2. 投种

湖泊放养的鱼种数量往往很大，一般依靠池塘自己培育提供，还可以利用网箱来大批量培育鱼种。放养的鱼种规格为12～15cm，亩放养400尾左右。鱼种下塘前用3%食盐溶液浸泡5～10min。

3. 混养

放养时要充分利用湖泊水体中的天然饵料资源，实行多品种混养，在主养鱼如河蟹、翘嘴红鲌、鳜鱼或鲤鱼的同时，每亩可适量搭配投放鲫鱼种100尾、鲢鱼种10尾、鳙鱼种50尾，规格为每尾100g左右。也可混养草食性鱼类如草鱼、鲂鱼等。对于水草和底栖生物丰富的湖泊，可以混养龙虾、青虾等水产品。

4. 管理

小湖泊精养淡水鱼，由于放养密度大，仅依靠天然饵料不能满足鱼类生长的需要，因此需适当进行投饵施肥。在平时的管理工作中，要重点做好以下两点工作，①改善水域条件，提高水体肥力，方法是可以通过人工施肥来提高湖泊水体肥力，常用的是无机肥料，每亩可施用尿素 1.5~2.5kg，碳酸氢铵 2~3kg，效果很好。②抓好鱼种配套、苗种放养、投饵施肥、防逃防病、合理捕捞等技术措施。

5. 捕捞

面积较小的水体、有条件的可实行干湖捕捞，较大的水体实行多种渔具结合，捕大留小、分批起捕与集中捕捞相结合，以提高起捕率。

五 河道养殖淡水鱼

河道一般曲折多弯，呈长条形，与陆地接触面相对较大，流进的有机质也多，水质较肥，有利于提高养鱼产量，也是用于养殖淡水鱼的一种重要补充方式。

1. 养殖条件

要满足鱼的生态条件，河道应具备以下几个条件。

（1）水质 养鱼的河道，应避开工矿企业的排污处，特别是要避开对鱼类有毒害作用的污染源，就是生活污水，也要经过净化后方可用于养殖。

（2）河道条件 河道两旁的堤坝要牢固，不受洪水和干旱等灾害的影响，要做到涝能排水、旱能保水。河道中进出水口不要太多，并且要确保每个进出水口不能逃鱼，另外河道的水底要平坦，便于管理和捕捞。

（3）水位落差 常年水位落差较小，最好不超过1.5m，夏季水深不能少于1.0m。水位落差过大，超过3m时，水位的急剧变动非常不利于鱼类的生长，同时对拦鱼设施也会造成不好的影响。

（4）水流 水的流速大，水体交换率高，水体的溶氧高，对养鱼是有好处的，但是水流一旦超出养鱼所需的范围，就不利于养鱼，根据有关科研人员的测定，养鱼的河道，水的流速以 0.7m/s 以内为好。

（5）生物饵料 河道中要有较丰富的水生生物，如河虾、野杂鱼、水蚯蚓等，并能较方便地利用，解决部分饵料问题。

（6）用水 要了解周围农田灌溉、储水、泄洪等情况，在修建拦鱼设备和养鱼时，解决好养鱼用水和水利方面的矛盾（彩图2-7）。

2. 养鱼模式

河道养鱼鱼种的放养数量、规格与混养比例应根据水体的自然条件、饵料情况、鱼种来源、管理水平等来确定。放养方式可分为粗养、半精养和精养。

粗养就是在拦截的河道中放养少量鱼种，不投喂饵料，完全依靠水体中天然生物饵料的养殖方式。半精养就是还未达到精养的水平但是比粗养又进了一步的养殖方式，就是建筑较牢固的拦鱼设施后，投放一定的鱼种，除依靠水域中天然生物饵料外，还需投喂一些饵料。精养就是模拟池塘精养的一种方式，在河道中投放较多数量的鱼种，靠人工投喂，是目前河道养鱼发展的方向。

3. 鱼种的放养

放养的种类和数量应依据水质的肥瘦情况确定。在水质较肥的河道中，每亩可以放养规格为 10cm 的主养鱼种 550 尾左右，同时放养鲢、鳙、鲅鱼等，放养量以 25% 为宜，再适当搭配一些草鱼、团头鲂、鲤鱼、鲫鱼等。在河道水质清瘦时，每亩可以放养规格为 12cm 的主养鱼种 350 尾左右，同时投放团头鲂和草鱼，可占 20%，鲢、鳙鱼占 10% 左右。

4. 养殖管理

在鱼种放养之后，河道养殖的饲养管理工作就要紧紧跟上，主要内容有投饵、防逃、防病等。

（1）投饵 应按不同季节合理搭配天然饵料和商品饵料，投喂时应将饵料投在食台、食场、食框中，各种饲料要新鲜，营养要丰富，各种营养物质的含量要满足鱼类的需要。由于河道中的水是流动的，因此最好用颗粒饲料投喂，颗粒饲料的大小也要适当。在适宜施肥的河道中，也可以施放一些粪肥、化肥和发酵过的绿肥等，使水变肥，施肥时也应注意将肥料投放在靠近水口端。

（2）防逃　是河道养鱼的技术关键之一，一是要加强河流进出水口的管理，防止鱼类外逃；二是要尽量避免人为干扰，防止进出水口不必要的人为逃鱼事件；三是平时要定期检查拦鱼设备，发现破损要及时修补；四是对于堆积在拦鱼设备上的杂草污物要经常清理，保持水流畅通。

（3）防病　以预防为主，治疗兼顾的方法。一是为河道养成鱼提供体质好，规格大，生长快、搭配合理的鱼种；二是在鱼种放养时要用5%的食盐溶液对鱼体进行药浴5min；三是定期在饲料中添加抗生素来预防疾病的发生。

六　河道拦网培育大规格鱼种

1. 拦网设置

拦网通常设置在河道宽阔的水面，要求远离航道，环境安静，底部较平，淤泥和水草较少，水质清新，无污染，常年水深1.2～1.8m。拦网的网片是聚乙烯网布，网高应超过常年最高水位的60～80cm，网目为0.8cm，拦网形状依据水面的形状而定，面积5～10m（图2-16）。

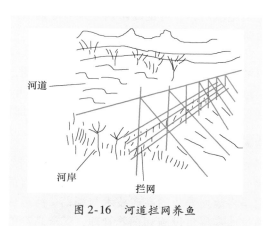

图2-16　河道拦网养鱼

淡水鱼的高效养殖方式　第二章

2. 夏花投放

围网修建好后，先将网内的野杂鱼和水草除去，为了保险起见，最后用电捕器对网内的野杂鱼进行彻底的清除，每亩用 13kg 的漂白粉进行泼洒。当年培育的夏花，投放时间可以在 8 月上、中旬，亩投放量为 3000 尾，投入比例与规格为，主养鱼如斑点叉尾鮰、翘嘴红鲌、鲤鱼等 70%，规格为 3~3.5cm，团头鲂 12%，规格为 5cm 左右，鳙鱼 8%，规格为 10cm 左右，银鲫 10%，规格为 3~4cm。

3. 科学投饵

在围栏区内靠岸浅滩处设精饲料食场，每 2 亩设置边长 3×3m 的食台一个，投喂量应根据季节、天气、鱼类生长及摄食强度等情况确定，日投喂两次，每次要在 1.5h 内吃完。

4. 管理

在日常管理中，坚持每日巡查，主要是检查网片有无破损和消耗，石笼和木桩是否牢固，发现问题要及时修正，在汛期要日夜巡查，防止水位过高，及时清除残饵和死鱼，每 5 天洗刷 1 次网片，保证水体交换的正常进行。

5. 防病

由于河道是流通性的，拦网内外的水体交换过于频繁，因此防治鱼病是有一定难度的，主要防治方法是鱼种在进网前要进行消毒，饲养期间要定期施喂药饵，可提高防病效果。定期沿网内侧投入少量生石灰，对防病是有一定好处的。

6. 捕捞

根据河道的特点和成鱼需种情况，确定捕捞时间，由于有的河道在冬季容易冰封，会造成网内的鱼缺氧，因此在每年的 12 月中下旬进行适时捕捞。捕捞时，采用大拉网进行拉网起捕即可。

七 外荡围栏养鱼

外荡围栏养鱼，是利用竹箔、金属网或合成纤维作为围栏设施，将大中型外荡分割成大小便于管理或可以实现精养目的的一种渔业生产方式，它是将池塘养鱼的高产技术与湖荡、河道优良水体环境结合起来，通过加强拦鱼设施和饲养管理，谋求高产的一种新型养鱼技术。

1. 场地选择

围栏设置在湖荡的出口处，要能承受水流或台风、洪水的侵袭，主要用于养商品鱼。要求水深在 2.5 ~ 3.0m，荡底平坦，底泥软硬适中，荡口（水口）宜少不宜多，宜狭不宜宽，背风向阳，远离主航道和主水流区。湖荡养鱼面积一般应在 500 亩以下，这样的水体水质容易稳定，起捕也比较方便，氧的补给充分、均匀。如果水域面积过小，水质不易自净稳定；水域面积过大则投饵分散、捕捞困难，河道的中段部水中也容易缺氧，产量相对较低。围栏养鱼是以充分利用现有水域的饵料生产力为基础，然后再补给适当的商品饵料。因此，选择水域的天然生产力要好或附近有丰富的自然饵料源，除有丰富的浮游生物外，湖荡底部有苦草、轮叶黑藻、马来眼子菜等水草密生及螺、蚬、蚌等底栖生物遍布。这样可减少投喂人工饵料的数量，提高鱼种的放养密度。天然饵料资源丰富，则商品饵料的使用就可减少，同时因饵料的互补作用，配合饵料的利用率也可大大提高。

2. 围栏设施

围栏形状应因地制宜，以正方形或圆形为佳，最好三面临水，一面靠岸，这样不但方便日常管理，也方便成鱼上市的起捕。围栏设施是防止逃鱼的保障，因而对拦鱼设施要有较严格的要求，围栏可用双层网片，以方便防逃，网目应根据需要放养的鱼种大小而定，以不逃鱼为宜。网高以高于最大水位 50cm 为好。其他的设施和一般的网、栏是一样的（彩图 2-8）。

3. 鱼种放养

网栏搭建好后，先将网内的野杂鱼和水草除去，为了保险起见，最后用电捕器对网内的野杂鱼进行彻底的清除，每亩用 13kg 的漂白粉进行泼洒。投放的鱼种，可在每年的 2 月中旬进行，亩投放量为1000 尾，投入比例与规格为，主养鱼 80%，规格为 13cm 左右；团头鲂鱼 5%；规格为 5cm 左右；鳙鱼 10%，规格为 10cm 左右；银鲫5%，规格为 3 ~ 4cm。

4. 饲养管理

日常的饲养管理着重要抓好"一早、二足、三勤、四防"的要点。

1）一早就是放养鱼种要早，尽可能在每年的 2 月底前结束。

2）二足就是鱼种的放养量要足，饲料的投喂量要足。

3）三勤就是一要勤巡塘，做到早晚巡荡，夜间护荡；二要勤检查，主要是检查墙网和箔门，发现有鼠洞和蛇洞时要立即修补；三要勤捞杂，主要是捞去水面上的残饵、杂草、死鱼等杂物，保持荡面的清洁。

4）四防就是就要要做好防逃、防病、防汛和防盗工作，确保养殖成果最终完全转化为经济效益。

5. 捕捞

外荡围栏养鱼与池塘养鱼相比，一般面积较大，对起捕技术要求较高，难度也大，通常可采取赶、拦、刺、张与投药、电驱等综合措施。

八 拦网库湾养鱼

利用水库库湾拦网养鱼，可以充分利用广大的水库库湾丰富的饵料资源，增加水库养鱼的综合经济效益。

1. 库湾的选择

拦网养鱼的库湾，应为湾口相对小，湾内宽阔、面积大，水流平缓，库底平坦，障碍物少，基础坚实，阳光充足，水质肥沃，水草及天然饵料丰富，敌害生物少，无废水污染，水深在 5m 左右，周年水位变化不大，交通方便的库湾。另外在相等的条件下，最好选择拦网距离短的库湾。库湾集水区范围内无污染源，库尾农田村庄多，周围植被良好，水质应符合国家渔业水质标准（GB11607—89）。面积以 300 亩左右为宜。

2. 拦网的安装与设置拦网的规格

拦网一般分为内拦网、外拦网、底敷网和防跳网等，应根据不同的网而选择不同的网目和网线。但总的说来，可以通用选择 3×3 力士胶丝线人工编织的网片，网目的规格为 2.5cm，网高以拟拦的库湾口的底部至水面的高度而定，可把几片网片连接起来，网底采用石块、砖头等重物作沉子，把网具固定于库湾口的底部，顶部用塑料板或塑料泡沫做浮子，使其高出汛期可能出现的最高水位约50cm，用竹子固定于水中，并用绳子拉紧，使网衣均匀张开，网衣两头用石块或竹竿等把网具压好，绑紧，以防逃鱼（图2-17）。

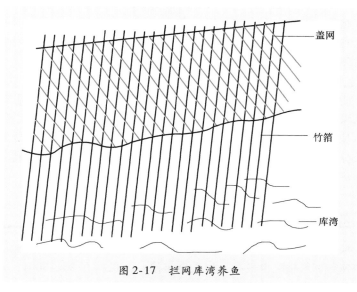

图2-17　拦网库湾养鱼

3. 清野除杂

在放养前要做好清野的工作，减轻野生敌害生物对鱼种的伤害，既要利用赶、拦、刺、张的渔具渔法来驱除捕捞野生鱼类，又要利用枯水期及时清理树桩、深沟、土墩、凹凸不平的地方，最后还要利用电捕、药捕等手段对网内进行1次彻底的清除。

4. 放养鱼种

投放的鱼种，可在每年的2月中旬进行，亩投放量为250尾，规格为13cm左右；团头鲂鱼20尾，规格为5cm左右；鳙鱼5尾，规格为10cm左右；银鲫15尾，规格为3~4cm。鱼苗投放前，必须经过药液消毒。

5. 日常管理

鱼种投放后，要经常观察鱼群的活动规律，根据天气、水体饵料生物的变化情况，适量投放精饲料，特别是在5~9月水温较高时，鱼摄食旺盛，生长速度较快，更应适当增加投喂量。

勤巡库，做到早晚巡查库湾，同时要经常潜入水中检查网具，发现有鼠洞和蛇洞时要立即修补，网具脱落立即绑紧，经常洗刷网衣，保持水流畅通，台风、雨水多发季节更要注意巡视检查，以防网破逃鱼。捞去水面上的残饵、杂草、死鱼等杂物。还应定时施放少量的生石灰或漂白粉进行消毒，可预防疾病的发生，还可以改善水质环境，起到肥水的作用。

6. 捕捞

捕大留小，适时上市是库湾养鱼的一个原则。因水库拦网养鱼，其水深面宽，肥水较难，天然饵料生物贫乏，鱼类生长速度不一，当鱼长到一定上市规格时，根据市价行情，可将达到商品鱼规格的成鱼分批捕捞上市，以利于小鱼的生长，达到丰产丰收，取得更好的经济效益。

第九节　利用地热水养殖淡水鱼

淡水鱼适合在 26～30℃ 的水体中生长，这时它们吃食旺盛，生长快速，饲料报酬也最高。如果全年使水温保持在 26～30℃，对于缩短养殖周期，加速商品生产，提高经济效益具有重要意义。加温方法有两种，一种是利用地热温泉和工厂余热，另一种是采用锅炉加温。应用地热或工厂余热成本更低。应用地热水养淡水鱼有如下要点。

一　合理建造池塘

饲养池要求冷、热水源都具备，热水水温的低限为 35℃，以确保池水水温保持在 26～30℃。要求水质无毒、无污染，pH 在 7 左右。鱼池要背风向阳，环境安静。

采用水泥砂浆岩石（砖块）筑砌，池底、周壁全部用水泥抹光滑。为了防逃，池四壁上端向内侧伸出 10cm 防逃反檐。池塘呈长方形，长宽比为（3～4）：1。稚鱼池面积 10～20m²，成鱼池 80m² 左右。池底向排水口倾斜，池深 1.3m。池塘能排能灌，池中或一侧用砖石堆砌高出水面 30～40cm 的休息台，占池面积的 1/15～1/10。紧傍休息台，可用水泥板设置低于水面 10cm 的饵料台。池底要垫一层软细沙，稚鱼池沙厚 5cm，成鱼池沙厚 10cm。

二 投喂优质配合饲料

饲料是应用地热养淡水鱼的关键，一般可用专用配合饲料，投饵坚持"五定"和"四看"，每天 8：00~9：00、16：00~17：00 投饵两次。

三 冬季加温养殖

当 10 月上旬水温下降时，要将幼鱼从室外转入室内加温养殖，放养密度为 150~250 尾/m²，保温室可以是塑料大棚，也可以是房屋，在北方地区以房屋为宜。一般是在池中直接加入温水，但水温较高的热水源，应先与凉水混合调至适宜温度再加，尽可能使池水稳定在 26~30℃。由于夜间气温低，所以夜间调温更为重要，加水次数和时间，要根据天气和池中水温来灵活掌握。由于越冬加温池处于封闭状态，淡水鱼放养量大，吃食也多，导致池水极易恶化，所以水质管理尤为重要。改良水质的方法，一是经常加注更换池水，这可以和调温结合进行；二是池中养殖一些浮萍，来净化水质；三是定期用 10~15mg/L 的生石灰或 5mg/L 的漂白粉泼洒消毒，起到防病和净化水质的作用。

四 高密度分级饲养

高密度分级饲养，是人工养殖淡水鱼，促进个体生长，提高群体产量的重要技术措施。4 月中、下旬，外室水温达到 20~24℃时，选择晴天，对加温池饲养的淡水鱼挑选分级，向露天池移放。要求同一个池放养规格基本一致。

夏、秋季水温比较稳定，自然水体水温很适合淡水鱼生长，是整个养殖周期中淡水鱼最活跃、摄食最好，生长最快的重要阶段。采用高密度养殖，淡水鱼的排泄量大，容易破坏水质，为了保持水质清新，成鱼池要经常注入新水，使水体透明度保持在 25~30cm。

第十节　80：20 池塘养殖淡水鱼

一 80：20 池塘养殖淡水鱼的介绍

80：20 池塘养殖模式是由美国奥本大学教授史密特博士针对中

国的具体情况而设计的。与传统的混养模式相比，80：20 池塘养殖模式在技术上和经济上具有明显的优势，近年来逐渐为广大渔（农）民所接受，已从试验转向大面积推广，2004 年全国 80：20 池塘养殖规模达到 200 余万亩，平均亩产 550kg，亩效益 2000 元左右。

80：20 池塘养鱼的概念是，池塘养鱼收获时，80% 的产量是由一种摄食颗粒饲料、较受消费者欢迎的高价值鱼的鱼类所组成，而其余 20% 的产量则是由被称为"服务性鱼"的鱼类所组成。这种养殖模式的基础是投喂颗粒饲料。

> 【提示】 80：20 池塘养鱼模式在生产实践中，可以用于从鱼苗养至鱼种，也可以用于从鱼种养至商品鱼。任何一种能够吞食颗粒饲料的池塘养殖鱼类都可以作为占 80% 产量的主养鱼。

二 池塘的选择

1. 位置选择

作为一种新型的淡水鱼养殖方式，由于产量高、养殖效益好，投入也就非常大，风险也非常高，因此鱼池的选择也有一定的讲究。

1）鱼池要求水源充足且有保证，注排水方便，水质良好，水呈绿色为好，可以使用地下水或地表水，水源周边无污染源存在，不含对鱼类有害的物质，水质应达到渔业用水标准，这是实现 80：20 养殖模式高产高效的基础。水量要能满足渔业生产的需要，尤其是在主要生产季节，即 4～11 月，要有充足的水量进入池塘，用于池塘注水、换水，一般要求 1 次能换水 10%～20%，1 月换水 1～2 次。为了减少鱼病的发生，每个鱼池必须有相对独立的进排水系统，池水不要串灌串排，以免鱼病串池感染（图 2-18）。

2）鱼池要选择在交通便利的地方，一方面是方便饲料、鱼种和其他物资运输进入生产区，另一方面是为了大量的商品鱼能及时地运输出去。

3）鱼池要选择在电力方便的地方，要有方便使用的电源，以便增氧机、投饵机、抽水机等机械设备的正常使用，尤其是在夏天不

图 2-18　池塘的选择

能轻易停电，否则将会出现严重的后果。池塘养殖高产技术增加了对电力和机械设备的依赖，这些设备包括投饵机、增氧机、抽水机、供电电源、自备发电机等。商品鱼池电力配备要求达到 0.5 ~ 1kW/亩，建议养殖户要准备一套自备的发电机组，以备不时之需，一般要求有足够功率的柴油发电机作为自备电源。

4）池塘的条件本身要好，池塘底质不能漏水，不应出现严重的渗水现象，要具有较好的保水保肥性能，堤岸高度应高出水面 30 ~ 50cm。

5）鱼池周边环境要好，周围不能有高大的树木和房屋等建筑物。堤埂坚固，不漏水，堤面要宽；池埂可以种草，却不能种树，尤其是高大的树木。

2. 形状选择

鱼生活在池塘里，自己是没有方向感的，因此鱼池的形状与鱼类的生长和产量说是没有直接关系的，但它将影响到鱼池的溶氧量、水体流动、排水、排污等，从而间接影响鱼类的生长。高效养殖的鱼池形状最好规则整齐，为长方形，长边为东西向走向，宽边为南北向，这样可以保证日照时间长，有利于早春和晚秋的阳光射入，有效地提高水温，适当延长了鱼的生长周期。鱼池长宽比例参数，见表 2-12。

表2-12　鱼池长宽比例参数

鱼池类别	面积/m²	深度/m	长:宽
鱼苗池	600 ~ 1300	1.5 ~ 2.0	2:1
鱼种池	1300 ~ 3000	2.0 ~ 2.5	(2 ~ 3):1
成鱼池	3000 ~ 10000	2.5 ~ 3.5	(3 ~ 4):1
亲鱼池	2000 ~ 4000	2.5 ~ 3.5	(2 ~ 3):1
越冬池	1300 ~ 6600	3.0 ~ 4.0	(2 ~ 4):1

3. 鱼池面积的选择

在一般地区，池塘面积一般以3 ~ 20亩为宜，以2 ~ 8亩为最佳；在开阔的平原地区，以10 ~ 15亩的池塘更好。饲养成鱼的池塘，面积以宽大为好。主要原因是：

1）"深水养怪鱼、宽水养大鱼、小水养小鱼"和"一寸水深一寸鱼"这些农谚就形象地说明了水深影响着鱼的生长与养殖产量。鱼池面积大，为养殖鱼类提供了有效的生活空间，活动范围大，有利于生长。

2）水面大可以经常受到风的吹动，在波浪的作用下，大气中的氧气更加容易溶解到水体中，从而增加水中溶解氧；同时，借助风力，表层和底层的水能够进行对流，促使有机物的分解，给鱼类提供良好的生存和生长条件。

3）池塘面积适当扩大，水体的容积就会变大，水温波动也小，水质容易稳定，可以减少鱼病发生，并能适当增加放养量，提高产量。

4. 鱼池深度和水深的选择

鱼种池水深0.8 ~ 1.5m，商品鱼池水深1.8 ~ 2.5m，池埂比水面高0.3 ~ 0.5m为宜，水位应保持稳定，没有严重漏水情况。

一般地说，在3m以内，水越深越好，增加水的深度，可以增加蓄水量，也就可以相应地增加放养量和提高鱼产量。生产实践证明，在一定限度内，鱼池每增加深度0.5m，产量可提高10% ~ 30%。但是，并不是鱼池水深就一定好，如果超过了3m，再增加水深，光线很少到达水的底层，造成深层水中光照度很弱，光合作用很弱，光合作用产生的溶氧量很少，从大气中溶入的氧气也少，深水层容易缺氧。另外在深水中，浮游生物也少，所以鱼类既没有吃的，也没有氧气来呼吸，不可能有高产量。因此，高产池塘水深一般保持在2.5～3.0m较为适宜，鱼苗鱼种池一般在1.2～1.5m为宜。

另外池塘水深与养殖鱼产量之间有一个经验式的关系，如果水深1m时亩产可达300kg，那么2m时亩产可达700kg，而在2.5～3.0m时亩产可达1000kg以上，但是当水深超过3m时，鱼产量不再随着水深的增加而增加了。要想达到高产，鱼种池和成鱼池水深应分别达到1.5m和2.5m（表2-13）。

表2-13　鱼池水体透明度、深度、水温和溶解氧的关系

透明度/cm	水深/m	水温/℃	溶解氧/(mg/L)	备　　注
40	1	18	4.06	测定时间为4月的8：00气温17℃
	2	17.7	2.56	
	3	17.3	1.06	
	4	16.8	0.83	
25	0	24	3.99	测定时间为5月的14：00气温16.8℃
	1	24	3.99	
	2	23.5	2.26	
	3	20.6	0	
	4	20	0	
30	1	28.2	3.84	测定时间为6月的11：00气温27.8℃
	2	28.2	1.92	
	3	27.9	1.76	
	4	27.6	1.12	
	5	27.8	0.48	
	6	27.9	0.12	

5. 底质的选择

底质以黑壤土最好，黏土次之，沙土最差。池底应平整，底部和水中不应堆积树叶、树枝或类似的物体，便于拉网操作，池底淤

泥控制在 25cm 以内，池塘保水性好，不漏水。池塘底部根据需要可以修建集鱼（排污）坑或沟以利于集鱼和排污，鱼池底部一般要求 2‰以上的比降，池塘底部的比降进一步加大有利于排水、排污。另外要求池塘底部呈"V"字形，有利于排污、收鱼。投饲台的区域作为池塘的最低处，设排水管，有利于收集残余的饲料、鱼体排除的粪便和集鱼，每天定期排水、排污。

三 鱼池的清淤与改造

1. 鱼池的清淤

每年要组织人力物力清除淤泥 1 次，保证淤泥不超过 30cm。方法是在冬季或早春将池水排干，让池底冰冻日晒 10 ~ 20 天，促进底泥中有机物的氧化分解、消除病原菌的危害。在此期间，还应当翻动底泥，使底泥在阳光下充分暴露和氧化，有助于土地疏松，减少病害。然后挖出过多淤泥，修补堤埂，填好漏洞，整平池底。

2. 鱼池的改造

对于那些老的鱼池，在清淤的同时，需要进行改造，以适应第二年的养殖需要。这些改造包括五点。①将小塘改成大塘，可以将几分地、1 亩多地的小塘进行合并，一般合并成 5 ~ 10 亩为好。②对那些浅水塘要改成深水塘，可通过清除淤泥或加高池埂的方法来提高池塘的水位，确保水位能在 2 ~ 2.5m 为宜。③将死水塘改成活水塘，长期没有活水流动的死水塘，在进行高效养殖时非常容易发生缺氧浮头现象，因此要在改造的时候修建配套的注排水工程，使池塘具备良好的水源和水质，从而让池塘里的水活起来。④将漏水塘改成保水塘，可通过加高加固堤埂、堵塞漏洞的方法，将那些经常漏水的池塘改造成保水保肥性能好的鱼池。⑤对池埂进行改造，要求低改高、窄改宽，改造后达到池形整齐、大水不淹、天干不旱的效果。

四 鱼池的消毒

池塘底泥富含有机物，是很多鱼类致病菌和寄生虫的温床。同时，在池塘养殖水体中，还存在着细菌、藻类、青泥苔、螺蚌、水生昆虫、蛙类、野杂鱼和水生植物等，对池塘进行彻底消毒是必不可少的。药物消毒是除野和消灭病原的重要措施之一，现在生产上常用的有生石灰、漂白粉、漂白精、二氧化氯等。最常用的是生石灰和漂白粉（彩图 2-9）。

五 鱼种的放养

1. 放养前的准备

池塘养鱼在放养前做好充分的准备工作，既有利于防治鱼病，又有利于增加鱼产量、提高经济效益。在放养鱼种之前，除了对池塘进行必要的处理外，还要检查运输、操作和放养鱼种所需要的所有设备。

2. 鱼种质量

为了确保成鱼养殖的成功，放养鱼种时要求其品种纯正、规格整齐、体质健壮、无病无伤。在生产上，鱼种的质量优劣可采用"六看、一抽样"的方法来鉴别。

（1）看鱼种的出塘规格是否均匀 同一品种的鱼种，凡是同池出塘规格较均匀的，通常体质都比较健壮，是优质鱼种。那些个体规格不一，差距较大的，往往群体成活率就很低，属于劣质鱼种，尤其是那些个体小的鱼种，体质消瘦，俗称"瘪子"，更不宜选购。

（2）看鱼种的体色是否正常 每一品种的鱼种都有自己的健康体色，因此，从鱼种体色可以判断鱼种质量的优劣。优质鱼种的体色是：青鱼色青灰带白，鱼体越健壮，体色越浅；草鱼鱼体呈浅金黄色，灰黑色网纹鳞片明显，鱼体越健壮，浅金黄色越显著；鲢鱼背部银灰色，两侧及腹部银白色；鳙鱼浅金黄色，鱼体黑色斑点不明显，鱼体越健壮，黑色斑点越不明显，金黄色越显著。如果体色较深或呈乌黑色的鱼种都是体质较差的鱼种或病鱼，当然也就是劣质鱼种。

（3）看鱼种的体表是否有光泽 健壮的鱼种体表有一薄层黏液，用以保护鳞片和皮肤，免受病菌侵入，故体表光滑，鲜明有光泽。而病弱受伤鱼种缺乏黏液，体表无光泽，俗称鱼体"出角""发毛"。某些病鱼体表黏液过多，也失去光泽。这些都是劣质鱼种，不宜选购。

（4）看鱼种的游动情况 健壮的鱼种游动活泼，爱集群游动，逆水性强，受惊时迅速潜入水中。在网箱或活水船等密集环境下，鱼种的头向下，尾朝上，只看到鱼尾在不断地煽动。倒入鱼盆活蹦乱跳，鳃盖紧闭，这些都是优质鱼种，否则就是劣质鱼种。

（5）**看鱼种的浮头情形**　优质鱼种在轻微浮头时总是在池中央徘徊，白天在有阳光照射后会大多潜在水面下活动。而劣质鱼和在浮头时总是贴近池塘埂游动，在增氧后也不轻易进入水底。

（6）**看鱼种的体格健壮与否**　必须选择无鱼病、健康状况好的鱼种，优质的鱼种体质健壮，背部肌肉肥厚，尾柄肉质肥满，皮肤上无溃疡、疮疤或斑点，无病无伤，鳞片鳍条完整无损，摄食时争先恐后，游动活泼，不易捕捉。反之则为劣质鱼种。

（7）**对鱼种进行抽样检查**　用鱼种体长与体重之比来判断其质量好坏。具体做法是，称取规格相似的鱼种1kg，计算尾数，然后对照优质鱼种规格鉴别表（表2-14）。如果鱼种尾数小于或等于标准尾数，那么就是优质鱼种，如果鱼种尾数大于标准尾数则为劣质鱼种。

表2-14　优质鱼种规格鉴别表

鲢　鱼		鳙　鱼		草　鱼		青　鱼		鳊　鱼	
规格/（cm/尾）	每千克尾数	规格/（cm/尾）	每千克尾数	规格/（cm/尾）	每千克尾数	规格/（cm/尾）	每千克尾数	规格/（cm/尾）	每千克尾数
16.67	22	16.67	20	19.67	11.6	14.00	32	13.33	40
16.33	24	16.33	22	19.33	12.2	16.67	40	13.00	42
16.00	26	16.00	24	19.00	12.6	13.33	50	12.67	46
15.67	28	15.67	26	17.67	16	13.00	58	12.33	58
15.33	30	15.33	28	17.33	18	12.00	64	12.00	70
15.00	32	15.00	30	16.33	22	11.67	66	11.67	76
14.67	34	14.67	32	15.00	30	10.67	92	11.33	82
14.33	36	14.33	34	14.67	32	10.33	96	11.00	88
14.00	38	14.00	36	14.00	34	10.00	104	10.67	96
13.67	40	13.67	38	14.00	36.8	9.67	112	10.33	106
13.33	44	13.33	42	13.67	40	9.33	120	10.00	120

鲢 鱼		鳙 鱼		草 鱼		青 鱼		鳊 鱼	
规格/(cm/尾)	每千克尾数	规格/(cm/尾)	每千克尾数	规格/(cm/尾)	每千克尾数	规格/(cm/尾)	每千克尾数	规格/(cm/尾)	每千克尾数
13.00	48	13.00	44	13.33	48	9.00	130	9.67	130
12.67	54	12.67	46	13.00	52	8.67	142	9.33	142
12.33	60	12.33	52	12.67	58	8.33	150	9.00	168
12.00	64	12.00	58	12.33	60	8.00	156	8.67	228
11.67	70	11.67	64	12.00	66	7.67	170	8.33	238
11.33	74	11.33	70	11.67	70	7.33	186	8.0	244
11.00	82	11.00	76	11.33	80	7.00	200	7.67	256
10.67	88	10.67	82	11.00	84	6.67	210	7.33	288
10.33	96	10.33	92	10.67	92			7.00	320
10.00	104	10.00	98	10.33	100			6.67	350
9.67	110	9.67	104	10.00	108				
9.33	116	9.33	110	9.67	112				
9.00	124	9.00	118	9.33	124				
8.67	136	8.67	130	9.00	134				
8.33	150	8.33	144	8.67	144	—	—	—	—
8.00	160	8.00	154	8.33	152				
7.67	172	7.67	166	8.00	160				
7.33	190	7.33	184	7.67	170				
7.00	204	7.00	200	7.33	190				
6.67	240	6.67	230	7.00	200				

3. 鱼种的规格

鱼种规格应该均匀一致，一般为 100~150g/尾。放养的白鲢、花鲢鱼种为 50~100g/尾。主养鱼类的规格整齐是指其个体重量差异在 10% 以内，配养鱼类的个体大小一般不大于主养鱼类的个体大小。

4. 鱼种的试水

在鱼种放养前必须试水，即将准备放鱼的池水用桶或盆子装好，再将鱼种放入此容器中，过 4~8h 后，鱼种正常生活，证明放鱼是安全的。

5. 鱼种消毒

鱼体消毒方法可以选择下述方法之一进行。

(1) 食盐　2%~4%，溶液浸洗 5~10min，主要防治白头白嘴病、烂鳃病。

(2) 硫酸铜　$8g/m^3$，溶液浸洗 20min，主要预防鱼波豆虫病、车轮虫病等，杀灭寄生在鱼体表的原生动物病原体。

(3) 漂白粉　$10~20g/m^3$，溶液浸洗 10min 左右，能防治各类细菌性疾病。

(4) 青霉素　1.6×10^3 万单位$/m^3$，溶液浸泡 5~10min。

六　饲料的投喂

1. 饲料的质量要求

投喂高质量的饲料可以使鱼类保持良好的健康状况、最佳的生长、最佳的产量，并尽量减少可能给环境带来的废物，为最佳的利润支付合理的成本。使用较高的营养质量和良好的物理性状的饲料是 80∶20 池塘养鱼技术的关键。较高的营养质量是指将高质量的原料按一定比例配合成的饲料能满足鱼类所有的营养需求，物理性质量是指制成的颗粒饲料具有干净牢固的外形，颗粒坚实，浸泡在水中至少能稳定 10min 以上。饲料的质量要求具体如下：

1）饲料必须制成颗粒状。

2）采用的饲料必须营养完全，包括完全的维生素预混剂和矿物质预混剂及补充的维生素 C 和磷质。

3）饲料的蛋白质含量为 26%~35%。

4）饲料的质量会随着存放时间的延长而降低。饲料应该在出厂后 6 周内用完，因为存放时间过久，其维生素和其他营养物质会损失，并会受到霉菌和其他微小生物的破坏。饲料应储藏在干燥、通风、避光和阴凉的仓库中，防止动物和昆虫的侵扰（图 2-19）。

图 2-19 颗粒饲料

2. 投饲技术

为了使鱼的生长和饲料系数之间平衡，每次投喂和每天投喂的最适宜饲料量应为鱼的饱食量的 90% 左右。

池塘中鱼类摄食饲料的数量主要与水温和鱼的平均体重有关。根据天气、水温、溶氧及水质状况定时、定量投喂。投饲的实用方法很多，必须掌握以下几条投饲原则。

1）最初几天以 3% 的投饲率投喂，当鱼能积极摄食后，鱼会在 2～5min 内吃完这些饲料。投饵率可参照 4 月 1%～2%、5～6 月 3%～4%、7～8 月 4%～5%、9～10 月 1%～3%、11～12 月 0.5%～1%。如果养鲫鱼的池塘中搭配混养少量武昌鱼和草鱼，应每天傍晚投喂一定量的新鲜青饲料。

2）训练淡水鱼在白天摄食。投饲的时间最好是在 8：00～16：00，或黎明后 2h～黄昏前 2h。

3）严格避免过量投饲，每次池鱼的投喂量达到其八成饱即可，过量投饲的标志是在投饲后 10min 以上，还有剩余的饲料未被鱼吃完。

4）可采用自动投饵机投喂颗粒饲料，它有以下优点，一是投饵机采取抛撒式投饵，饲料在水体中分布的面积较大，有利于鱼群分散在较大的水面摄食，避免了人工投喂饲料分散面较小、鱼群集中在较小的水面摄食的情况；二是在机器操作下，饲料分散均匀，有利于鱼群的均匀摄食，养殖鱼体上市规格较为整齐；三是可通过人为的设定，确保在投饲期间每次投饲的量、时间间隔等较为均匀，有利于鱼群摄食；四是饲料投喂能做到定时、定点、定量投喂，可避免人为的个人意志、情绪等的干扰（图2-20、图2-21）。

图2-20　投饵机

图2-21　投饵机里的饲料

3. 日投喂次数

由于80∶20池塘养鱼是一种高效的养鱼方式，池塘里的鱼密度大，对饵料的需求也多，通过对自动投饵机的调制，每次投饲料间隔时间应为3h以上（彩图2-10）。投饲率可参照4月1~2次/日，5~6月3~4次/日，7~8月4~5次/日，9~12月1~2次/日来进行，表2-15中列出了具体的投饵率与投饵次数，仅供参考。

表 2-15　不同月份投饵率和日投次数

月　　份	投饵率（％）	日投饵次数
1 ~ 2	0.5 ~ 1	1
3 ~ 4	1 ~ 2	1 ~ 2
5 ~ 6	3 ~ 4	3 ~ 4
7 ~ 8	4 ~ 5	4 ~ 5
9 ~ 10	3 ~ 1	3 ~ 2
11 ~ 12	1 ~ 0.5	2 ~ 1

七　水质管理

经过一段时间的养殖后，水体中各种化学物质、有机物质及细菌、藻类等逐渐增加。在各种物质的作用下，水质如酸碱度、透明度、硬度、肥度等发生变化。若不予以改善，水质会老化或恶化，直接或间接地影响养殖动物的健康。因此水质问题是池塘养鱼中最重要的限制因子，也是最难预料和最难管理的因素。池塘中鱼类的死亡、疾病的流行、生长不良、饲料效率差及其他一些类似的管理问题大多与水质差有关。水质管理的目标是，为池塘中的鱼类提供一个相对没有应激的环境，一种符合鱼类正常健康生长的基本的化学、物理学和生物学标准的环境。

1. 增氧

适合鱼类生长的溶氧量一般在 5mg/L 以上。溶氧是水产养殖生态环境中的重要指标之一，直接或间接地影响鱼体生长。养殖过程中要随时注意溶氧变化，发现溶氧过低要及时采取措施，每口池塘配备增氧机 1 台，5 ~ 10 亩的池塘配备功率 1.5kW 的增氧机，1 ~ 4 亩的池塘可选择功率较小的增氧机。图 2-22 所示为水车式增氧机。

2. 控制温度

最适合于淡水鱼生长的水温是 26 ~ 30℃。水温在 20℃ 以下，鱼的生长就很差。超过 35℃ 鱼类的生长和饲料效率会急剧降低，甚至停止生长，或患病和死亡。

图 2-22 水车式增氧机

3. 控制含氮的废物

氨和亚硝酸盐是蛋白质经鱼消化后产生的含氮的废物。这些废物在集约化高密养鱼生产系统中可能会成为问题，但在为 80∶20 池塘养鱼建议的放养密度和生产水平中是不应该成为问题的。控制池塘中含氮废物最实用的管理技术是限制投入池塘的饲料量，这要通过限制养鱼生产的放养密度等来实现。

4. 控制池水透明度

通过施肥及注排水控制池水透明度在 25～35cm。

5. 施放生石灰

在酸性水中鱼不爱活动，畏缩不前，耗氧下降，新陈代谢急骤低落，摄食差，生长受抑制。pH 过高，超出生物适宜范围也不利。而在池塘中适当施放石灰石，会减少低溶氧发生，pH 的昼夜变动也不会太剧烈。池塘水的 pH 在晚间，尤其是黎明时，偏酸性；在白天，尤其是中午时，偏碱性。因此，从 4 月中旬开始每 20 天泼一次生石灰，每次每亩 25kg，化浆全池泼洒控制池水 pH，较理想的 pH 变动范围为 6.5～8.5。

目前国内外公认的最佳消毒剂仍然是生石灰，既具有水质改良作用，又具有一定的杀菌消毒功效，而且价廉物美。最好并不代表就可以乱用，我们在使用生石灰调节水质时也要注意几点事项，否则就不可能取得理想效果。

1）要注意池塘条件，不同的池塘可能并不完全都适合用生石灰来调节水质。一般精养鱼池鱼类摄食生长旺盛，需要经常泼洒生石灰，池塘的水质改善效果较好；对于那些新挖的鱼池，由于池底是一片白泥底，没有淤泥沉积，因而水体的缓冲能力弱，池塘里的有机物不足，不宜施用生石灰，否则会使有限的有机物加剧分解，肥力进一步下降，更难培肥水质。对于水体 pH 较低的池塘，要定期泼洒生石灰加以调节至正常水平；水体 pH 较高时，如果池塘里钙离子过量的话，也不宜再施用生石灰，因为这时施用生石灰，会使水中有效磷浓度降低，造成水体缺磷，影响浮游植物的正常生长。

2）注意生石灰的使用时间。生石灰应现配现用，以防沉淀减效。全池泼洒以晴天 15：00 之后为宜，因为上午水温不稳定，中午水温过高，水温升高会使药性增加。夏季水温在 30℃ 以上时，对于池深不足 1m 的小塘，全池泼洒生石灰要慎重，若遇天气突变，很容易造成池水剧变死鱼。同样，闷热天、雷阵雨天气不宜全池泼洒生石灰，否则会造成次日凌晨缺氧泛池现象的发生。

3）注意灵活掌握使用剂量。用于改良水质或预防鱼病时，生石灰的用量为每亩水面每米水深 13～15kg 就可以了。如果单独是为了治疗鱼病，用量可以加大为 15～20kg，但对于鲫鱼出血病的治疗，每亩水面每米水深要用 25～30kg，因为用量少了反而会激活毒素加重病情。用药后要观察鱼的反应，以防剂量太大水质陡变造成死鱼。对于淤泥较厚、水色较深的池塘，要在正常使用剂量的基础上增加 10%～20% 的用量；对于水色较浅、浮游植物较少的瘦水，每亩水面每米水深用量只能在 10kg 以下。

4）注意配伍禁忌。

① 生石灰可以与酸性的漂白粉或含氯消毒剂交替使用，间隔时间为 7 天左右，但不能同时使用，这是因为生石灰是碱性药物，同时使用会产生拮抗作用降低药效。

② 生石灰不能与敌百虫同时使用，这是因为敌百虫遇到强碱后会水解生成敌敌畏增大毒性，容易毒死池塘里的鱼。

③ 生石灰不能与铵态氮肥同时使用，在 pH 较高的情况下，总氨中非离子氨的比例增加，容易引起鱼类的氨中毒。

④ 生石灰不能与磷肥同时使用，活性磷在 pH 较高的含钙水中，

很容易生成沉淀物，导致磷肥被沉积在池底的淤泥中，起不到作用。

6. 合理使用微生物制剂

微生物制剂是一种生态调节剂，治理养殖水环境可以明显改善水质，抑制有害微生物繁殖，迅速降解有机物，增加水中溶氧。常见用于改良水质的微生物制剂有枯草芽孢杆菌、硝化细菌和反硝化细菌、酵母菌、乳酸菌、光合细菌等。

八 生产管理

做好记录，保存好养殖场生产过程中生产和经济方面与购买、销售等有关的所有记录，并将观察到的重要现象及时记录下来。

每天至少1次到养殖池塘去观察鱼的情况（巡塘），如鱼类的摄食行为、水色和水质的总体情况，知道什么是正常的情况，什么是异常的情况，并对下面几个问题有充分的准备。

① 鱼类停止摄食。

② 鱼类表现出患病的症状。

③ 鱼类在水面浮头，出现很大的雷阵雨，并有强风和暴雨，存在泛池的危险。

——第三章——
淡水鱼的立体综合养殖

立体综合养鱼就是以鱼为养殖主体，综合利用农业、畜牧业的产品及副产品，解决养鱼所需的饲料和肥料，使水体系统与陆地系统紧密地联系，进行物质、能量多层次分级利用，达到水陆物质交换循环，具有高产低耗优质高效的优点，并能发挥其生态经济效益的生产模式。

第一节　莲藕池中混养鱼、鳖

莲藕性喜向阳温暖的环境，喜肥、喜水，适当温度亦能促进生长，在池塘中种植莲藕可以改良池塘底质和水质，为鳖提供良好的生态环境，有利于鳖健康生长。

鳖是杂食性的，它能够捕食水中的浮游生物和害虫，也需要人工喂食大量饵料，它排泄出的粪便大大提高了池塘的肥力，在鳖、藕之间形成了互利关系，因而可以提高莲藕产量25%以上。

一　藕池的准备

莲藕池养鳖，池塘要求选择通风向阳，光照好，池底平坦，水深适宜，水源充足，水质良好，排灌方便，pH为6.5~8.5，溶氧不低于4mg/L，没有工业废水污染，注排水方便，土层较厚，保水保肥性强，洪水不淹没，干旱时不缺水，面积为3~5亩，平均水深1.2m，东西向为好。

二 田间工程建设

养殖鳖的藕池也有一定的讲究，就是要先做一下基本改造，加高加宽加固池埂，埂一般比藕池平面高出 0.5～1m，埂面宽 1～2m，敲打结实，堵塞漏洞，以防止鳖逃走，提高蓄水能力（图 3-1）。

图 3-1 藕池

在藕池两边的对角设置进出水口，进水口比池面略高。进出水口要安装密眼铁丝网，以防鳖逃走和野杂鱼等敌害生物进入。

藕池也要开挖围沟和鱼坑，目的是在高温、藕池浅灌、追肥时为鳖提供藏身之地，投喂和观察其吃食、活动情况。可按"田"或"十"或"目"字形开挖鱼沟，鱼沟距田埂内侧 1.5m 左右，沟宽 1.5m，深 0.8m。

三 防逃设施建设

防逃设施简单，用钙塑板或硬质塑料薄膜等光滑耐用材料埋入土中 20cm，土上露出 50cm 即可。外侧用木桩或竹竿等每隔 50～70cm 支撑固定，顶部用细铁丝或结实绳子将防逃膜固定。防逃膜不应有褶，接头处光滑且不留缝隙，拐角处呈弧形。

四 施肥

种藕前 15～20 天，田间工程完成后先翻耕晒田，每亩撒施发酵鸡粪等有机肥 800 ~ 1000kg，耕翻耙平，然后每亩用 80 ~ 100kg 生石灰消毒。

五 莲藕的种植

1. 选择优良种藕

种藕应选择少花无蓬、性状优良的品种，如慢藕、湖藕、鄂莲二号、鄂莲四号、海南洲、武莲二号、莲香一号、白莲藕等。种藕一般是临近栽植才挖起，需要选择品种特性强的种藕，最好是有 3 ~ 4 节，子藕、孙藕齐全的全藕，要求顶芽完整、种藕粗壮、芽旺，无病虫害，无损伤，2 节以上或整节藕均可。若使用前两节做藕种，后把节必须保留完整，以防进水腐烂（图 3-2）。

孙藕

子藕

后把节

图 3-2 藕

2. 种植时间

种植时间一般在清明至谷雨前后为宜，一定要在种藕顶芽萌动前栽种完毕。

3. 排藕技术

莲藕下藕池时采取随挖、随选、随栽的方法，也可实行催芽后栽植，如当天栽植不完，应洒水覆盖保湿，防止叶芽干枯。排藕时，行距 2 ~ 3m，穴距 1.5 ~ 2m，在栽藕（也称排藕）时，轻轻地扒开一个洞穴，再把藕放在洞穴里，每个洞穴里可栽种藕2枝（每枝最好都有2节藕以上，每亩需种60～150kg。

栽植时分平栽和斜栽。深度以种藕不浮漂和不动摇为度。先按一定距离挖1个斜行浅沟，将种藕藕头向下，倾斜埋入泥中或直接将种藕斜插入泥中，藕头入土的深度为10～12cm，后把节入泥5cm。斜插时，把藕节翘起20°～30°，以利于吸收阳光，提高地温，提早发芽，要确保荷叶覆盖面积约占全池的50%，不可过密。

另外在栽植时，原则上藕田四周边行，藕头一律朝向田内，目的是防止藕鞭生长时伸出田外。相临两行的种藕位置应相互错开，藕头相互对应，以便将来藕鞭和叶片在田间均匀分布，有利于高产。

> 💡 【提示】 在种藕的挖取、运输、种植时要仔细，防止损伤，特别要注意保护顶芽和须根。

4. 藕池水位调节

莲藕适宜的生长温度是21～25℃。因此，藕池的管理，主要通过放水深浅来调节温度。排藕10多天到萌芽期，水深保持在8～10cm，以后随着分枝和立叶的旺盛生长，水深逐渐加深到25cm，采收前一个月，水深再次降低到8～10cm，水过深要及时排除（图3-3）。

图3-3　藕池水位调节

六 鱼、鳖的放养

1. 放养前的一些准备工作

在藕池养殖鳖时，在鳖种入池前必须做好一些准备工作，主要内容包括放养前 10 天用 25mg/L 的石灰水全池泼洒消毒藕池；投放轮叶黑藻、苦草、水花生、空心菜、菹草等沉水性植物，供鳖苗种栖息、隐蔽；清明节前，每亩投放活螺蛳 100kg，产出的小螺蛳供鳖作为适口的饵料生物。

2. 鳖苗种的选择

选购活力强、离水时间短、无病无伤的鳖苗种，规格为 50～80g/只（彩图 3-1、图 3-4）。

图 3-4　鳖

3. 放养时间

一般在藕成活且长出第一片叶后放鳖苗种，时间大约在 5 月 10 日前后，此时水温基本上稳定在 16℃。

4. 放养密度

为了提高饲养商品率，每亩放养鳖 150 只，鳖种下塘前用 3% 的食盐溶液或 5～10mg/L 的高锰酸钾溶液浸泡 5～10min，可以有效地防止鳖身体带入细菌和寄生虫。

5. 鱼的放养

每亩搭配投放鲫鱼种 10 尾、鳙鱼种 20 尾，规格为每尾 20g

左右。不宜混养草食性鱼类如草鱼、鲂鱼，以防其吃掉藕芽嫩叶等。

七 投饵

鳖苗种下塘后第三天开始投喂。选择鱼坑做投饵点，每天投喂2次，分别为7：00~8：00、16：00~17：00，日投喂量为鳖总体重的3%左右，具体投喂数量根据天气、水质、鱼吃食和活动情况灵活掌握。饵料可用市场上出售的专用养鳖料，有时还可以添加10%的鱼、螺、蚌、猪肝和一些瓜果蔬菜等，既可以新鲜投喂，也可以切成条或块投喂，还可以打成浆与商品饲料拌在一起喂。

八 巡视藕池

对藕池进行巡视是藕、鳖生产过程中的基本工作之一，只有经过巡池才能及时发现问题，并根据具体情况及时采取相应措施，故每天必须坚持早、中、晚3次巡池。

巡池的主要内容是，检查田埂有无洞穴或塌陷，一旦发现应及时堵塞或修整；检查水位，使池塘始终保持适当的水位。在投喂时注意观察鳖的吃食情况，相应增加或减少投喂量。经常检查藕的叶片、叶柄是否正常，结合投喂、施肥观察鳖的活动情况，及早发现疾病，对症下药。同时要加强防毒、防盗的管理，也要保证环境安静。

九 适时追肥

莲藕的生长是需要肥力的，因此适时追肥是必不可少的，首次追肥可在藕下种后30~40天第2~3片立叶出现、正进入旺盛生长期时进行，每亩施发酵的鸡粪或猪粪肥150kg。再次追肥在小暑前后，这时田藕基本封行，如长势不旺，隔7~10天可酌情再追肥1次。如果长势很好，就不需要再追肥了，施肥应选晴朗无风的天气，不可在烈日的中午进行，每次施肥前应放浅田水，让肥料吸入土中，然后再灌至原来的程度。施肥时可采取半边先施、半边后施的方法进行，且要避开鳖集中晒背的时期（图3-5）。

图 3-5　藕池追肥

✚ 水位调控

在藕和鳖混作中，在水位的调控管理上应以藕为主，以鳖为辅。因此，水位的调节应服从于藕的生长需要。最好是鳖和藕兼顾，栽培初期藕处于萌芽阶段，为提高池温，保持 10cm 水位。随着气温不断升高，及时加注新水，水位增至 20cm，合理调节水深以利于藕的正常光合作用和生长。6 月初水位升至最高，达到 1.2～1.5m。7～9 月，每 15 天换水 10cm，换水可采用边排边灌的方法，切忌急水冲灌，每月每立方米水体用生石灰 15g 化水后沿鱼沟均匀泼洒 1 次，秋分后气温下降，叶逐渐枯死，这时应放浅水位，控制在 25cm 左右，以提高池温，促进地下茎充实长圆。

✚ 防病

鳖养殖的关键在于营造和维护良好水环境，保持水质"肥、活、嫩、爽"和充足的溶氧量，以保证其旺盛的食欲和快速生长。这样，它的疾病就非常少，因此可不作重点预防和治疗。莲藕的虫害主要是蚜虫，可用 40% 乐果乳油 1000～1500 倍液或抗蚜威 200 倍液喷雾防治；病害主要是腐败病，应实行 2～3 年的轮作换茬，在发病初期可用 50% 多菌灵可湿性粉剂 600 倍液加 75% 百菌清可湿性粉剂 600

倍液喷洒防治。

第二节 龟、鱼、螺、鳅套养

龟大多喜欢潜居在水底，钻入泥中，或者上岸晒甲、活动，使养龟池的大量空间处于闲置状态。因此可利用龟池这种水体空间，在里面进行适当的龟、鱼、螺、鳅套养，是控制龟的疾病，降低龟饵料的投放，降低养殖成本，增加收入的一条非常好的途径。

一 清塘消毒

在龟、鱼、螺、鳅入养前，饲养池要进行一次彻底的消毒，清塘消毒的药物主要是生石灰、漂白粉、茶粕等，具体的使用方法见第二章第二节池塘主养淡水鱼。

二 池塘建设

这种套养模式是以养龟为主，养殖鱼、螺、鳅为辅的，因此养殖池应严格按照养龟池要求设计建设。龟池的水位可维持在80cm左右，当然，一般的鱼塘也可以改造成龟、鱼、鳅混养池，但因龟有爬墙凿洞逃逸的习性，泥鳅有非常强的逃逸能力，因此应在池塘四周筑起防逃墙，在进出水口用密网拦好，防止敌害和有害生物侵入，还要根据需要，修建饵料台、休息场及亲龟产卵场。

三 品种选择

龟类以七彩龟、黄喉水龟、草龟为好。鱼类以温水性非肉食性鱼类为主，如鲢鱼、鳙鱼、草鱼、鳊鱼等，它们可充分利用水中的浮游生物。螺类以福寿螺和中华圆田螺为好，它们取食龟、鱼、鳅的粪便及有机碎屑。泥鳅以从稻田水沟野外捕捉的黄鳅为好，如果是自己培育的就更好了。泥鳅喜食池中杂草及寄生虫，是水底清洁工，同时，仔螺、幼鳅又是龟类最好的饵料。

四 龟、鱼、螺、鳅的放养

幼龟每平方米4~6只，成龟2~4只，幼龟池可放养5cm左右的小规格鱼种，用以培育大规格鱼种。成龟池和亲龟池则放养长

15cm 左右的大规格鱼种，以养成商品鱼。田螺每 100m² 放养 25kg，泥鳅每 100m² 放养 5kg 左右。每亩投放规格为 100g 的鲫鱼 150 尾，兼养少量的鲢鱼、鳙鱼各 50 尾（彩图 3-2、图 3-6）。

图 3-6　泥鳅

五　科学投喂

这种套养方式的饲料投喂是以龟的喂养为主，在满足龟饲料的情况下，适当投喂一些鱼类饲料，如瓜果菜叶等，在水中也可养些水葫芦等植物，既可净化水质，又可供螺、鳅取食。

龟和泥鳅一样，也是杂食性的，动物饲料包括猪肉、小鱼虾、牛肉、羊肉、猪肝、家禽内脏、蚯蚓、血虫、面包虫，植物性饲料包括菠菜、芹菜、莴笋、瓜、果等。还有一种就是大规模养殖时用的人工混合饵料，这是人工配制的，具有营养全面、使用方便的优点，像专用龟增色饲料、颗粒状饲料等。另外，由于螺、鳅类繁殖的仔螺、幼鳅又是龟最好的食物之一，因此龟的投饵要根据套养池内的天然饵料而定，投喂方法也要遵循"四定"的原则进行。

六　日常管理

1）加强巡塘，防敌害，防逃和防盗，观察龟、鱼、螺、鳅活动情况，发现问题，及时处理。

2）管理以龟为主，在亲龟产卵季节，应尽量减少拉网次数，以免影响交配产卵，减少产卵量，给养龟造成经济损失。

3）鱼类的饲养管理与池塘养鱼方法一样，龟、鱼、鳅混养的池塘，也要通过加强管理，为鱼和鳅创造良好环境。

4）在气候异常时，尤其在闷热天气时，可能会发生龟类不适而减少活动量，鱼类会出现浮头现象，严重时可造成泛塘死亡，泥鳅上蹿下跳，到处翻滚，而螺会大量地贴在池边。为防止这些事故的发生，养殖者在气候异常时，应及时加注新水，平时少量多次追肥，维持水体适宜肥度，注意宁少勿多，保持水体的清洁度。

第三节　黄鳝、葡萄、鸡、水葫芦生态养殖

一　生态养殖的原理

黄鳝、葡萄、鸡、水葫芦生态养殖技术是指在岸上种植葡萄并培育鸡、水里培育黄鳝和水葫芦的养殖方式。鸡以田间的小虫、杂草、草籽及水葫芦为食，可以把果园地面上和草丛中的绝大部分害虫吃掉，提高果品的产量和质量，而且对杂草有一定的抑制作用，再将收集好的鸡粪用来培育蝇蛆、蚯蚓或者作为有机肥来给葡萄施用，既解决了鸡粪的有机污染，又解决了葡萄的肥料开支，在葡萄架下修建一个个的小型水泥池或长方形的小土池来养殖黄鳝，再在黄鳝池的上面培育水葫芦，水葫芦发达的根系既可以为黄鳝遮阴、提供栖息场所，还可以作为黄鳝的天然饵料，同时水葫芦也可以喂鸡。另外鸡可以充分利用果园里的杂草、昆虫、蚂蚁、蚯蚓等天然生物资源，改善鸡蛋、鸡肉的品质和风味。每年清池时的底泥可以覆盖在葡萄树下，为葡萄提供充足的有机肥。

这种生态养殖的优点还在于充分利用了葡萄架下的空间，提高了土地的利用率，另外散养的鸡也在葡萄架下活动、摄食，为葡萄地松土，减少了饲料的投喂量，节省了劳动力，这种高效立体生态的养殖模式对于缓解土地紧张状况，促进农业增效、农民增收具有十分重要的现实意义，是一种高效、良性、立体、生态的循环种养殖创新模式，值得推广。

二 生态养殖的准备工作

1. 场地选择

由于鳝池是建设在葡萄架下的，加上鳝池是一种地下建筑，因此在选择这种立体养殖的场地时，应优先考虑葡萄场地的选择。

发展葡萄生产既要考虑生态条件，又要考虑社会条件及经济条件的影响，因此葡萄生产要想获得高产和稳产，在葡萄的场地选择时要统筹安排。

1）在选择葡萄栽培地时要注意各种地势类型，应按照"因地制宜、适地适树"的原则，合理安排土地，提高土地的利用率。

一个好的葡萄种植地应具备适于生产的生态环境条件，有利的地形地势，方便的交通运输，优良的品种资源，良好的土壤地质背景，较深厚的土层和疏松透气的物理特性。

2）葡萄是典型的喜光作物，对光的要求较高，对光的反应也敏感，光照时数的长短、光量的强弱对葡萄的生长发育、产量和品质都有很大的影响。在光照充足的条件下，植株健壮，叶片厚而色深，花芽分化良好，产量高，果实品质好，浆果含糖量高。光照不足时，新梢生长细弱，叶片薄，叶色浅，花序瘦小，果穗也小，落花落果多，产量低，品质差，冬芽分化不良，枝条成熟度差，直接影响第二年的生长发育和开花结果。所以一定要选择光照好的地方，并注意改善架面的通风透光条件，充分利用太阳光能，同时，正确设计行间、行株距，采用合理的整形修剪技术。

⚠ **【注意】** 过分阴湿和光照不良的地方不宜发展葡萄生产。

3）葡萄的品种不同，对光照的敏感性不一样，所要求的光照强度也不一样，总的来说，欧亚种品种比美洲种品种要求光照条件更高。有些品种浆果的充分着色需要有光线的直接照射，例如黑罕、玫瑰香、里扎马特、甲州三尺、赤霞珠等品种是要求直射光的照射才能正常上色，而康拜尔等品种则需要在散射光的条件下能很好着色，直射光对它们的着色效果不好，当然，用于制造葡萄干的优良品种无核白对光照要求更高。

4）必须要考虑电力、交通、通信对葡萄生产和黄鳝养殖的影响。

2. 基础设施建设

葡萄支架是最重要的设施之一，葡萄支架的选择应该以坚固耐用、取材方便为原则。由于葡萄的枝蔓比较柔软，设立支架可使葡萄植株保持一定的形状，枝叶能够在空间合理分布，获得充足的光照和良好的通风条件，并且便于在果园内进行一系列的田间管理。因此必须在葡萄园中设立支架。葡萄的架式虽然有很多种，但目前在生产中应用较多的大致上可分为两类，即篱架和棚架。

3. 修建黄鳝池

在进行这种模式的种养殖时，黄鳝池的修建基本上是以土池为主，具体的建池方法参考本章第二节龟、鱼、螺、鳅套养中池塘建设的内容。

4. 鸡舍的准备

在葡萄地周围要用旧鳝网或纤维网隔离，防止鸡只外逃和天敌侵入，以便管理。鸡舍是鸡生活的场所，为了能保证养殖效益，鸡舍要求如下：①能防潮，保持干燥，尤其是地面的防潮要求更是严格。②能有效地隔热，做到盛夏时节鸡群能顺利地防暑降温。③保温设施要完备，尤其是寒冷地区更是重中之重，通常要做到地面能保温、窗户能保温、墙壁能保温、屋顶能保温。④鸡舍不能过于简陋，要坚固耐用，能有效地抵抗积雪覆压的重力等。

鸡舍采用土墙、砖木或竹木结构，选择避风向阳、地势高燥平坦处建造，大小因地而异，一般高约 2m、跨度 5～6m、长度 10～30m，鸡舍坐北朝南或坐西北朝东南，顶部用玻璃钢瓦或油毛毡配稻草都可以，鸡舍中间高、两边低，四周挖好排水沟。

葡萄园养鸡是放牧为主、舍饲为辅的饲养方式，因其生产环境较为粗放，所以应选择适应性强、耐粗饲、抗病力强、活动范围广、勤于觅食的地方鸡种进行饲养。同时应根据市场的需求来确定适当的品种，一般应选用体型小的品种，如广东三黄鸡、广西麻黄鸡、肖山鸡、浦东鸡、仙居鸡、寿光鸡等传统地方良种；如供应春节市场则宜选用体型大的品种如星杂 882 等。而艾维茵、AA 等快大型鸡由于生长快、活动量小、对环境要求高，不适于葡萄园养殖。

三 生态养殖技术

1. 饲料的配制与准备

（1）鸡饲料　在这种养殖模式中，鸡可以在葡萄地里自由采食，另外可以捞取鳝池里的水葫芦来喂鸡，因此基本上是不用另外投饲的。但是为了给鸡养成一种早上出去晚上回来的好习惯，可以通过补饲的方式来建立条件反射。鸡群可在每天早晨放牧前先投喂适量配合饲料，傍晚将鸡群召回后再补饲 1 次。补饲的时间和量应依季节和天气而异，如秋冬季节果园杂草小，昆虫少，可适当增加补饲量，春夏季节则可适当减少补饲量。例如在阴雨天鸡不能外出觅食，这时需要及时给料。

（2）黄鳝的饲料　黄鳝的饲料有四个途径。①主要途径是依靠在葡萄园地的空隙处，用鸡粪和葡萄叶、水葫芦等一起沤制后制成基础料，再用这些基础料来培育蚯蚓、黄粉虫、蝇蛆等。②在鳝池里套养田螺或福寿螺，也可以在排水口的浅水处培育水蚯蚓，都可以解决黄鳝的饵料。③在鳝池上方挂设黑光灯诱虫，可在夏秋季解决部分饵料。⑥在活饵料较少时，可以补投一些黄鳝专用饵料。

2. 种养管理

（1）葡萄的种植与管理

1）葡萄的种植。葡萄适宜的密植是提高葡萄早期产量的重要措施，为了充分利用土地和空间，可以将密度调整为株距 1～1.5m，行距 2.0～2.5m，每亩栽植 140～330 株。

> ⚠ **【注意】**　密植时一定要注意选用适当的架式和抗病品种，同时要加强树体及水肥管理，及时防治病虫害。

2）葡萄的施肥。葡萄的施肥方法可采用条沟状施肥、放射状施肥、穴状施肥、环状施肥、全园施肥、灌溉式施肥等方式，具体的施用方法可以根据肥料的性状、施肥的目的、施肥后的管理等灵活掌握。

3）水分管理。葡萄对水分要求的适应性很强，成龄葡萄园的主要灌水时期，是在葡萄生长的萌芽期、花期前后、浆果膨大期和采收后期。一般来说，葡萄在冬季休眠期对水分的要求较低，在新梢迅速生长和果实膨大期则需水较多。灌水要根据葡萄生长发育的需水量和降水分布情况而定。灌水最好与施追肥的次数和时间相一致。

葡萄园灌溉的时间、次数和水量应根据树体需要、气候变化、土壤含水量等来确定。通常浇灌方式有漫灌、沟灌、穴灌、喷灌、滴灌和渗灌。

葡萄从初花期至谢花期 10～15 天内，应停止供水，花期灌水会引起枝叶徒长，过多消耗树体营养，影响开花坐果，出现大小粒和严重减产。

4）树体管理。葡萄是藤本果树，长期在自然条件下生长，靠攀缘周围物体向阳光处生长，如果没有人工控制，葡萄因阳光充足，上部和外围的各种枝条生长过长、过多、过密，造成大量的徒长枝形成，后果一是密生的枝条导致主干内膛的光线严重不足，影响了葡萄的光合作用和生长发育，主干下部的枝条会枯死；二是葡萄下部因为光照不足，枝芽发育不良而形成光秃带，导致结果部位不在正常位置，会随着外围枝条的发育而迅速外移，导致结的果实越来越少，品质越来越差，结果期越来越迟。

为了促使葡萄尽快形成牢固的枝架和发育良好的结果母枝，并维持合理的丰产、稳产、优质的树体，充分利用架面空间和光能，调节树体生长和结果的关系，有必要对树体进行科学的、有计划的枝蔓引缚、短截、疏枝、摘心、定梢、掐穗尖、疏芽、环剥等整形修剪措施，这对于提高葡萄产量和质量、延长结果期是很有帮助的。

5）其他管理工作。葡萄的其他管理工作包括果穗套袋、及时催熟和采收。

（2）鸡的饲养及管理

1）做好放牧工作。天气晴好时，清晨将鸡群放出鸡舍，傍晚天渐渐变黑时将鸡群赶回鸡舍内。白天放养不放料，给予充足的清洁饮水，根据放养的数量置足水盆或水槽。若是雨天，果园有大棵果树遮雨，鸡只羽毛已经丰满，仍可将鸡舍门打开，任其自由进出活动。若果树尚小，没法避雨就不宜将鸡群放出。若气候突然有变，应及时将鸡唤回。

2）注意天气。在葡萄园里散养鸡，冬季注意北方强冷空气南下，夏季注意风云突变，谨防刮大风下大雨，尤其是开始放养的前1~2周，随时关注天气预报，时刻观察天空风云的变化，根据天气变化及时进行圈养或放牧。

3）谨慎用药。果园使用农药防治病虫害时，应先驱赶鸡群到安全地方避开，再巧妙安排，穿插进行，因为农药毒性大，鸡易中毒，一则选用高效、低毒、低残留的无公害农药；二则在安全期放养，将鸡群停止放养3~5天，或施药时将果园分区、分片用药，农药毒性过后再进行放养，不让鸡接触农药。若是遇到雨大，可避开2~3天，若是晴天，要适当延长1~2天，以防鸡只食入喷过农药的树叶、青草等中毒。

（3）黄鳝的饲养与管理

1）鳝种入池。黄鳝苗种的选择和放养技巧，见第四章第一节黄鳝的高效养殖相关内容（彩图3-3）。

2）投饵。在这种模式中，黄鳝基本上是以天然活饵料为主，它可以取食养殖池里的水葫芦、田螺等，还可以取食人工培育的蚯蚓、蝇蛆等。

3）水质管理。①要有充足的水源，这既是葡萄栽种的需要，也是黄鳝养殖所必需的，水质要求干净、无污染。②换水，由于黄鳝池是建设在葡萄架下的，池子里又有水葫芦生长，因此在夏季鳝池的水温不能太高，但是还要根据具体情况适当换水，一般1周换水两次，每次1/4就可以了。③及时捞取水葫芦，水葫芦长得很快，有时黄鳝可能利用不了，这时就要及时将它们捕捞出来，切碎供鸡食用，也可以为葡萄沤制绿肥，这样可以保证黄鳝适宜的生长空间，保持水质。

第四节　黄鳝、蚯蚓、芋头生态养殖

一　鳝池建设与处理

为了便于捕捞和控制水质，养鳝池最好是水泥底面，长方形为宜，每个养鳝池为长8m、宽4m、高1m，具体的建池和池子的消毒，同本章第一节的讲述。

在黄鳝池中间用池 1/2 面积堆土畦 40cm 高，另外 1/2 水面水位最高保持 30cm，最低不能低于 10cm。在土畦中施肥种芋头，土畦面层养蚯蚓，这样在这个鳝池里就已经做到了鳝、芋和蚓的共生了。

二 芋头种植

芋头有水芋和旱芋两种，在这种养殖模式中，只能选择水芋进行种植。

1. 施肥

除了在黄鳝入池前在水体中施肥，培育天然饵料生物外，由于水芋是一种喜肥性水生植物，因此在水芋栽种前，必须对田畦施基肥，这样才能有利于芋苗的生长和发育。一般每平方米可施腐熟的人粪尿 3～4kg 或猪粪 5～6kg。

2. 定植芋苗

水芋苗的定植时间虽然随着品种和地区而有一定的差异，但总的来说是在立夏到小满期间进行定植，基本上与黄鳝的生长是同步的。定植的行距为 60cm，株距为 30cm，种芋入池深度为 3～4cm。

三 鳝种的投放

鳝种的来源、质量鉴别、投放方式和注意点，见第四章第一节中的内容，这里重点说明它的投放密度，在不算土畦面积的情况下，每平方米水面放黄鳝种 3～4kg 就可以了。

四 蚯蚓的培育

蚯蚓的培育请参照其他相关图书，在此不再赘述。如果培育的蚯蚓做饵料不够，还不能满足黄鳝的摄食需求，可适当投喂其他饵料。

五 日常管理

1. 水位调节

在这个养殖模式中，水位的调节要兼顾三者对水的需求，值得注意的是，水芋的需水要求基本上与黄鳝对水的要求是同步的。刚定植后的水芋，要求浅灌 3～5cm 的水位，主要目的是为了防止浮根，有利扎根，提高成活率，而此时的黄鳝需水也不多。以后慢慢地加水，到了盛夏期间可以将水位提高到 25cm 左右，以利于养殖池的降温，到了秋后再慢慢将水下降到 5cm 左右。

2. 水质管理

在进行这三者的混养中，水质一般是能保持良好的，水芋是喜肥植物，对肥的要求较高，而且根系发达，基本上能将黄鳝的排泄物吸收并转化为肥源。

但是在一些特殊情况下，例如黄鳝的密度过高，水质可能变坏时，就要及时换注新水，同时施加一些水产专用的底改药物，进行水质和底质的改善。在夏季如果水温过高，可在养殖池四周种植一些丝瓜或玉米等高秆植物，形成一个具有遮阴、降温功能的环境，同时加大换水频率。

3. 黄鳝的投喂

在这三者的混养中，只要蚯蚓培育的数量足够，黄鳝是不用另外投喂的，当培育的蚯蚓爬出土畦时，就会被黄鳝捕食，成为它们的美味。这里需要做好的就是对蚯蚓的投料工作，具体方法和要求请参阅相关书籍。

六 捕捞收获

在这三者混养的模式中，蚯蚓是不需要收获的，它基本上就能被黄鳝捕食干净，到了秋季湿度不适宜培育蚯蚓时，黄鳝也基本上很少摄食了，池里的蚯蚓也就没有了。

水芋的收获时间，因品种和地区及收获后的目的不同而有一定的时间差别，但是在这个混养模式中，建议在 9 月下旬收获，有时也可以推迟到霜降前后再收获，此时的产量高，质量好，每平方米可收获水芋 4kg 左右。

黄鳝的捕捞是在水芋收获后进行，也可以利用专用养殖池的优势，进行适当的囤养与育肥，在价格适宜时，可以将整个池子的泥土翻一遍，就可以将黄鳝捕捞干净了。

第五节　青虾、水草生态轮作

随着青虾养殖技术不断优化，养殖模式不断被发掘，青虾、轮叶黑藻轮作生态养殖模式得到了推广应用，这是一种动植物相结合的典型，也是一种新的尝试，通过青虾的养殖，青虾的粪便可以为水草提供优质的肥源，而水草则为青虾的生长提供了攀爬、栖息、隐藏的场所，两者互惠互利，相得益彰，既改善了池塘水质，提升了青虾品质，同时也收获了水草和草籽，提高了单位面积的经济效益。

一 水草的作用

在池塘养殖青虾中，水草为青虾的生长发育提供极为有利的生态环境，提高苗种成活率和捕捞率，降低了生产成本，对养殖起着重要的增产增效的作用。水草在青虾养殖中的作用具体表现在以下几点：

1. 模拟生态环境

在自然生态环境中，青虾是喜欢在有水草的地方生活的，尤其是喜欢在离岸边不远的浅水处有水草的地方，因此在池塘中的适当位置种植水草可以模拟和营造生态环境，使青虾产生"家"的感觉，有利于青虾快速适应环境和快速生长（彩图3-4）。

2. 净化水质

水草通过光合作用，能有效地吸收池塘中的二氧化碳、硫化氢和其他无机盐类，降低水中氨氮，起到增加溶氧、净化水质的作用，使水质保持新鲜、清爽，有利于青虾的快速生长，另外水草对水体的 pH 也有一定的稳定作用。

3. 隐蔽藏身

青虾喜欢在水位较浅、水体安静的地方进行蜕皮，在池塘中种植水草，形成水底森林，正好能满足青虾这一生长特性，因此它们常常攀附在水草上，丰富的水草既为青虾提供了安静的环境，又能起到隐蔽作用，减少被老鼠、水蛇等敌害侵袭而造成的损失。

4. 调节水温

青虾最适宜的生长水温是 18～25℃，在池中种植水草，在冬季可以防风避寒，在炎热的夏季水草可为青虾提供一个凉爽安定的生长空间，能遮住阳光直射，使青虾在高温季节也可正常摄食、蜕皮、生长。

5. 提高成活率

水草可以扩展立体空间，有利于疏散青虾密度，防止和减少因局部青虾密度过大而发生的格斗和残食现象，避免不必要的伤亡。另一方面水草易使水体保持清新，增加水体透明度，稳定 pH，使水体保持中性偏碱，有利于青虾的蜕皮生长，提高青虾的成活率。

二 池塘准备

1. 池塘条件

养殖场周边水源充足、水质良好、进排水方便。池塘面积以 5 ~ 10 亩为宜，由于青虾喜欢在浅水区活动，加上水草喜欢的水深也不宜太深，因此池深 1m 就可以了。池底中央开挖 1 条 30cm 深、30cm 宽的排水沟，向排水口倾斜，以便于排水。为防止野杂鱼等敌害生物进入池塘，在进水口外层用密网包紧，出水口套上 120 目的尼龙网，在排水口也套上密网。

2. 饵料生物的培养

饵料生物的丰歉是青虾幼体成活率高低的关键因素，丰富的饵料生物为青虾的蚤状幼体发育提供理想的开口饵料，其营养价值比人工饲料更全面，并能减轻池塘底质污染，保持水质清新，因此，在放养抱卵亲虾的前 5 ~ 7 天，可向池塘施入发酵后的有机肥 300 ~ 500kg/亩。

3. 苗种来源

如果有现成的虾苗供应的话，就可以直接放养虾苗，每亩放养虾苗 50000 ~ 80000 尾，苗种规格为 1.3 ~ 1.5cm/尾，单只池塘一次放足。

> 【提示】 最好是放养抱卵亲虾，青虾的抱卵亲虾一般在 5 月中下旬从湖泊、水库、沟渠、池塘等大水面中捕获。挑选行动活泼、肢体完整、个体体长达 5cm 以上、卵巢要求成熟或接近成熟的雌虾作为亲虾，其卵巢体积几乎覆盖整个背面，前端抵达额角基部，卵子的颜色为绿色或橘黄色（如果卵子的颜色呈灰褐色并出现眼点，说明卵子已孵化，极易从母体上脱落，不便运输和操作）。抱卵亲虾的放养量为 4 ~ 5kg/亩为宜（图3-7）。

图 3-7　青虾

三 铺设微孔管道增氧设施

在池塘中进行虾草生态养殖时，可利用微孔增氧技术来养殖青虾，微管的布设要求在离池底 10cm 处，也可以说要布设在水平线下 90cm 处，用两根长 1.2m 以上的竹竿，把微孔管分别固定在竹竿的由下向上的 30cm 处，而后再向上在 90cm 处打一个记号，再后两人各抓一根竹竿，向池塘两边把微孔管拉紧后将竹竿插入塘底，直至打记号处水平为止。在布设管道时，一定要将微管底部固定好，不能出现管子脱离固定桩，浮在水面的情况，这样会大大降低使用效率。

⚠ 【注意】

①要注意的是充气管在池塘中安装高度尽可能保持一致，底部有沟的池塘，滩面和沟的管道宜分路安装，并有阀门单独控制。如果塘底深浅不在一个水平线上，则以浅的一边为准布管。

②在微管设置时要注意不要和水草紧紧地靠在一起，最好是距离水草 10cm 左右，以免过大的气流将水草根部冲起，从而对水草的成活率造成影响。

四　清塘消毒

5月底成草卖完后，开始干塘、暴晒、平整池底，清除过多的淤泥，底泥保持在10cm左右，池塘坡度按1:2.5~1:3修整，以便于晚上青虾觅食，开挖向出水口倾斜的排水沟。投放苗种前15~20天，进水20cm，每亩使用150kg的生石灰化浆全池泼洒，并在第二天用钉耙翻动底泥，尽量使底泥与生石灰混匀，彻底杀灭黄鳝、泥鳅等敌害及寄生虫和病原体。

五　栽种水草

在池塘消毒7~10天后，距离池边6~8m扦插栽种轮叶黑藻，在池塘中间每隔10m左右就要留下一条2m左右的空白带，以方便青虾的活动，每亩栽种轮叶黑藻50kg。

六　培肥水质

投放苗种前7天，加水50~60cm，可施用腐熟发酵的有机肥，按150~200kg/亩的量放入池塘，培养虾苗的饵料生物。也可以每亩使用2kg肥水宝和1kg氨基酸培藻素等微生物制剂混匀全池泼洒，培育饵料生物，能促使硅藻和金藻及有益菌快速繁殖。

七　科学投喂

1. 饲料

青虾为杂食性动物，饲料来源广，应因地制宜。饲料可用米糠、麦麸、豆粕、花生粕、螺蛳、小鱼、鱼粉、蚕粉等，在水稻产区建议用米糠、糠糟作为青虾的主要饲料，但要搭配20%~25%的动物性饵料，如小鱼、螺蛳、蚌肉、蚕蛹、蚯蚓等。根据经验，投喂青虾的饲料最好是含蛋白质30%以上的配合颗粒饲料，饲料系数低，青虾生长快。此外，由于青虾有抱啃食物、边游边啃、吃饱弃之的特征，故饲料颗粒不宜太大，一般粒径以0.2~0.3cm为宜。

2. 投喂技巧

虾草生态养殖时，青虾每天投喂2次，上午为日投量的1/3，下午为2/3，投喂时间为每天7:00~8:00和17:00~18:00，并根据天气、水色、虾体生长、摄食情况等调节，天气晴朗，水温适宜时应多投，反之应少投。前期虾苗阶段日投饵量为每亩 0.5kg，以后逐步增加到高温时节虾快速生长期时的 2.5kg。10 月以后水温逐步下降，投饵量逐步减少，以投喂的饲料在 2～3h 之内吃完为宜。饲料投喂要全池撒投，重点投喂在水草丛中。

八 水草管理

1. 水草管理要点

池塘水位随水草的生长进行调节，前期水草面积占池塘面积的30%，中后期占 50%～60%。高温时节，水草快速生长时要人工割除多余水草。

2. 对老化水草的处理

轮叶黑藻在虾塘种植成活后，经过 2～3 个月的生长，过于旺盛，阻断上下水体流动。一段时间后，水草有老化的表现，特征是水草根部渐渐腐烂，草头由于贴近水面，经太阳暴晒，停止生长，严重的出现水草沉陷于水底死亡，根腐烂后水草漂浮水面，从而败坏水质，造成水色不稳定，有发红发黑的现象。

针对水草的老化，可以采取以下的预防措施。

① 对于生长停滞的水草进行"打头"处理，打头后的水草置于池塘中给青虾摄食，如果青虾没有吃完，第二天下午就要将水中剩余的残草全部捞出池塘外。

② 对于生长过密的水草，要进行"打路"处理，除了在栽草时留下的空白带之外，一般每 4～5m 打一条宽 1m 的行道，以加强上下水层对流，增加青虾的活动空间。

③ 当水草用以上方法处理后，可向水体中施用磷酸二氢钙和EM 菌类来促进水草的萌发。

3. 对污物附着于水草上的处理

如果池塘里的水草长势很好，可是由于池塘的水质混浊，几天时间水草上附着了大量污染物，开始不生长。镜检发现为各种藻类和有机物。这时就要进行积极的处理，用光合细菌液加量泼洒在水草上，可有效减轻污物。更有效的方法是第一天施用络合铜，第二天用光合细菌为主的复合菌于水草上，每 2～3 天水草可换新。

4. 对水草虫害的处理

水草虫害连年发生、程度不一。傍晚有飞蛾扑向水面产卵于水草上，孵化成幼虫，被两片叶片包裹，白天蜷缩于叶中，晚上出来吃草，叶片先被吃完，然后茎断，漂浮于下风处。一旦发生虫害，3～4天整塘水草都难以幸免。处理方法是用阿维菌素稍微加量施于水草上，无水草处不施，15：00～16：00用效果好。一般用药后3～4天，在茎的基部可重新长出新芽，结合改底、改水，10～15天新草可长出。

九 调控水质

在青虾的养殖期间，由于青虾苗的放养密度大，水质易变，应根据水色、透明度和虾苗的吃食情况及时调节好水质，加强水质的科学管理。

1. 水位控制

由于水草是慢慢生长的，因此，池塘水位随养殖过程逐步调整，苗种放养时水位控制在50～60cm，既便于水体接受光照，有利于池塘的升温，又满足了早期水草对水位的需求。随着气温升高，水位也逐步提高，养殖中后期水位控制在1m。

2. 肥度调节

适时施肥，把握水质既"肥"又"活"是关键，具体要求为"肥两头，清中间"。"肥两头"是指虾苗至幼虾阶段和晚秋时节水要"肥"，"清中间"是指8～9月高温阶段，要求水质清爽，防止缺氧。水质过瘦时施用微生物肥水剂和氨基酸培藻素进行肥水，确保养殖前期池水透明度控制在25～30cm，中、后期为30～40cm。

3. 适时注水

一般养殖前期和养殖后期少加水，养殖中期多加水，一旦发现池塘的水质过浓时，及时换注1/4～1/3的新水，加注新水可以增加水体溶解氧、营养盐及微量元素，增强青虾的食欲，并降低代谢毒物的含量，防止池水老化。在加注水时，要进行水质过滤，以防敌害随水流进入池塘内。

4. 水色、水体的调节

根据水色定期使用有益微生物菌剂、生物底改剂改善水体环境，一般每15天调水1次，溶解氧保持在5mg/L以上。

适时调节水体 pH。每月一般泼洒生石灰 2 次，保持池水 pH 在 7.0～8.0，以利于青虾蜕皮生长。

✚ 适时增氧

在青虾池里布设微管的目的是为了增加水体的溶氧量，因此增氧系统的使用方法就显得非常重要。

一般情况下，我们是根据水体溶氧变化的规律，确定开机增氧的时间和时段。4～5 月，在阴雨天半夜开机增氧。6～10 月的高温季节每天开启时间应保持在 6h 左右，每天 16：00 开始开机 2～3h，日出前后开机 2～3h。连续阴雨或闷热低压天气，可视情况适当延长增氧时间，可在 21：00～22：00 开机，持续到第 2 天中午。养殖后期，勤开机，促进青虾的生长。

高温期间，在晴天中午开 2～3h，搅动水体，增加低层溶氧，防止有害物质的积累。在使用杀虫消毒药或生物制剂后开机，使药液充分混合于养殖水体中，而且不会因用药引起缺氧现象。在投喂饲料的 2h 内停止开机，保证青虾吃食正常。

▅▅ 十一 日常管理

虾草生态养殖时，日常管理主要是做好两个方面的工作。

1. 病害防治

以防为主，定期使用二氧化氯、复合碘消毒剂全池泼洒，高温时节每 15 天使用 1 次。

2. 加强巡塘

每天清晨及傍晚各巡塘 1 次，观察水色变化、虾活动情况、蜕壳数量、摄食情况，并做好记录。检查塘基有无渗漏，防逃设施是否完好，严防缺氧。

▅▅ 十二 捕捞收获

商品虾达到规格及时起捕上市，这时可降低池塘水位，使用地笼捕捞。捕捞时避开蜕壳高峰期，减少软壳虾的损失。池塘中青虾全部起捕后，人工使用拖网收获轮叶黑藻草籽出售，来年 4～5 月人工收割成草出售。

—— 第四章 ——

名优淡水鱼的高效养殖

第一节 黄鳝的高效养殖

一 鳝池的选址

黄鳝对环境适应力强，一些不宜养殖其他鱼类的废弃水体及不宜种植农作物的水坑、水塘均可作为黄鳝池。养殖黄鳝的池塘一般选择在避风向阳、水源充足、水质无污染、进排水方便、较为安静和交通便利的地方建设，例如空地、田块、旧水沟等。

二 池塘的修建与处理

1. 池塘面积

黄鳝养殖池塘面积的大小依据养殖的规模和数量、养殖者的技术水平及自然条件而定，可大可小，一般以 1~3 亩为宜。

2. 池塘建设

为了便于换水，最好在有水源保障的地方建池，黄鳝养殖池塘长方形、正方形均可，以东西走向的长方形为佳，土池的池埂要用硬土建造，池埂底部宽 0.5m，池埂上面宽 0.3m，池底要夯实不渗漏，若土池的四壁较为牢固且蓄水保水能力较强，建池时则可不必砌砖石。反之，若在软土质处建池则可在四壁靠埂建砌厚度为 6cm 或 12cm 的砖墙，或用石板砌边，并用砖石铺底，池内壁涂抹水泥勾缝并抹平，要求池底和四周不漏水和不易跑鳝。砖墙或石板要竖立在池底的硬基上，墙高出埂面 20~30cm。

3. 防逃设施

为了防逃可另做池沿，四周高出地面 30～50cm，四壁和底部用塑料薄膜或塑料防雨布压贴。也可在池子里铺设一层无结节网，网口高出池口 30～40cm，并向内倾斜，用木桩固定，以防逃逸。为便于换水放水，鳝池必须有进水口、排水口、溢水口，用来排污水、换水和防止大雨池水上涨时逃鱼。在接近水源处挖一进水口，在池塘相对一侧下端平行水底处留一排水口，排进水口均要有拦鱼网布配套，防止逃鳝，连片的池塘要统一设计和建设进排水系统，并建设防逃、防漏设施。

4. 底部条件

黄鳝为底栖性鱼类，适应能力较强，常利用天然缝隙、石砾间隙和漂浮在水面的水草丛作为栖息场所。黄鳝喜穴居，它们喜欢在水体的泥质底层或埂边钻洞穴居。洞是由黄鳝用头钻成的。洞道弯曲，多分叉，每个洞穴至少有两个洞口，分别叫前洞和后洞，有的黄鳝洞穴更复杂，还有岔洞，一般相距 60～90cm，所以养殖黄鳝的池塘要求垫上经过暴晒松硬适度、富含有机质的泥土 30cm（彩图 4-1）。

> **【提示】** 每年早春可取河泥和青草沤制成的泥土，在其中掺和一些秸秆和畜粪，以增加有机质，放入池塘，便于黄鳝打洞潜伏。然后在池中心或四角上再投以石块、断砖等物，人工造成穴居的环境条件，以利于黄鳝保暖或乘凉，适应黄鳝的穴居习性。

三 水草的种植

为利于黄鳝的生长，可人工仿造自然环境供黄鳝栖息，池面 1/3 的水面可适度种植水葫芦、水花生、慈姑、茭白、蒿草等水生植物，这种生态养鳝池不需要经常换水，可使水质处于良好状态。同时慈姑等既可以吸收水中营养物质，防止水质过肥，草叶在炎热的夏季还可为黄鳝遮阴、隐蔽，改善鱼池环境；也可以向池内投放一些瓜络或稻草团，便于小鳝藏身等。注意不要使池塘的水体形成死角，影响换水效果。

> **【提示】** 由于土池的四壁不一定能达到笔直,且池壁顶端没有有效防止黄鳝外逃的设施,因而,我们一般仅将水草铺设在池的中央,而不在池边铺草,以吸引黄鳝集居池的中央而不易到池边来,从而很好地预防黄鳝外逃。

四 放养前的准备工作

1. 清除野杂鱼

当自然水温达到10℃以上的时候,就要做好准备工作,黄鳝苗种放养前要清除池塘内经济价值低的、与黄鳝幼苗争食和危害黄鳝幼苗的鱼类。在池塘的进水口和排水口,可用0.3cm网目的网布制作拦鱼设施。

2. 清整池塘与消毒

新开挖的池塘要平整塘底,清整塘埂,旧塘要在黄鳝起捕后及时清除淤泥、加固池埂和消毒,堵塞池埂漏洞,疏通进排水管,并对池底进行不少于15天的冻晒。这也可以在一定程度上有效杀灭池中的敌害生物如鲶鱼、泥鳅、乌鳢、蛇、鼠等及争食的野杂鱼类和一些致病菌。

清塘方法可采用常规池塘养鱼的通用方法,请参考第二章第二节。

3. 培肥水质

鳝鱼入池前,可施少量经发酵腐熟的有机肥,以繁殖摇蚊幼虫、丝蚯蚓、水生昆虫等水生动物,或在池中投放螺蛳和泥鳅等,任其繁殖,为鲜鱼提供鲜活饵料。有条件的地方,可在池中架设黑光灯,引诱昆虫入池。在放鳝种前3~4天加注新水,将水深控制在15~30cm。

五 饵料台的搭建

1. 食台搭建的必要性

使用池塘养殖黄鳝,投入的饲料有时不能一下子被吃完,它们会慢慢地沉入池底沉积,另外黄鳝在取食过程中也常常会把大量的饲料带入泥土中,从而造成极大的浪费。因此,养殖户有必要设立

第四章　名优淡水鱼的高效养殖

149

专门的投料台。一方面可节约饵料，提高饲料利用率，减少甚至避免饲料的浪费，并及时清除未吃完的饲料，同时也有利于让黄鳝养成一种定点取食的习惯，缓解抢食情况，更重要的是可以通过对食台的监测，及时了解黄鳝的摄食情况和疾病发生情况，提高养殖的经济效益。

2. 食台的搭建

黄鳝食台的搭建，可以用三种方式，第一种是利用土质较硬、无污泥、水深 0.5m 的池底整修而成。第二种是用木盘、竹席、芦席制成一个方形的食台，设置在水面下 30～50cm 处，在那些水浅或水位稳定的水域用竹、木框制成，而在水较深或水位不稳定的水域用三角形浮架锚固定。第三种方法是就地取材，直接将食料投放到水草上，若水草过于丰茂，投下的料不能接近水面，则可将欲投料点的水草剪去上部或在投料前用木棒等工具将水草往下压，使投入的饲料能够入水或接近水面即可。春季搭的食台应靠近水面（浅些），夏秋季食台应深些。一般一个养鳝池可设立多个投食台。

> ◆ **【提示】** 设置位置应避风向阳且安静，靠近岸边，以便观察吃食情况。食场处应设浮标，以便指示其确切位置，避免将饲料投到外边。

六 苗种投放

1. 品种的选择

黄鳝的品种很多，其中生命力最强的是青、黄两种，它们在颜色和花纹上有一定的区别，以苗种体表略带金黄且有阴暗花纹的为上乘，其生长速度快，增重倍数高，养殖经济效益好，青色次之。为了确保养殖产量高、效益好，在发展黄鳝养殖生产上要逐步做到选优去劣，培育和使用优良品种。

2. 投放时间

黄鳝的放养有冬放和春放两种，以春放为主。人工养鳝池在 4 月初～4 月下旬就可以投放种苗，放养时水温要大于 12℃。

3. 苗种的选购

苗种放养是鳝鱼养殖生产中的重要一环。要搞好鳝鱼的人工养殖，就应坚持多种渠道解决苗种的来源，采取科学的饲养方法，获取好的产量和较佳的经济效益。规模化养殖黄鳝时最好批量购买人工繁殖的苗种，或者自己繁育苗种，也可以捞取黄鳝受精卵，进行人工孵化，培育黄鳝苗。优点是规格整齐，大小均匀、体强无病、无伤，切忌大小混养，这样容易驯化吃食，如果是小面积养殖或者是庭院养殖，也可以从市场购买或在 4～10 月到稻田或浅水的泥穴中徒手捕捉幼鳝（或笼捉），但徒手捉时要戴纱手套，用中、食指夹住鳝鱼的前半部，以免幼鳝受伤、用铁钩捕捉的幼鳝会有内伤，不能养殖。

> **【提示】** 要注意认真选购，要力求做到种质优良，体质健壮，无病无伤。坚决剔除电捕、药捕和钓捕的鳝苗。用钩捕受伤的，放养后成活率低，即使不死，生长也相当缓慢。那些手一抓就能抓住，挣扎无力，两端下垂，或者手感不光滑，身体有斑点的鳝苗都应剔除。

> ⚠ **【注意】** 在市场上选购时，不能买用糖精等喂过的鳝苗。喂养糖精的黄鳝，皮肤黏液较少，发亮，头向上仰，挤在一起，游动不规则；正常的鳝苗会溯水游动，头微仰，只要方便呼吸就可以，皮肤上的黏液较多。更主要的是喂养糖精后的鳝苗容易拒食且极易导致大量死亡。

4. 放养规格和密度

放养密度视具体情况而定，但一定要适量，应结合养殖条件、技术水平、鳝种规格等综合考虑决定。缺乏经验、管理水平低、水源条件差的养殖者，每平方米放 0.5～1.5kg。若管理技术水平高，饲养条件好，饲料充足，每平方米可增至 3kg 左右。

另外放养密度与所放养的鳝苗规格也有很大关系，一般随规格的增大，密度相应减少，反之，则相应增大，作为养殖者来讲，鳝苗规格以每千克 25～35 尾为好，这种规格的苗种整齐，生活力强，放养后成活率高，增重快，产量高。若鳝苗规格过小，会影响其摄食和增重，不能当年收获。如果只是囤养数月，利用季节差价赚取一定利润，则上述条件都可放宽，且密度也可增加，例如夏末秋初选购，冬春销售，则每平方米可放养 10 ~ 12kg，另外宜搭配放养20%的泥鳅。多个池塘养殖时，应尽量做到每个池塘的鳝苗规格整齐，大小要尽可能一致，不能悬殊太大，不同规格的苗种最好能分池分级饲养，以免争食和互相残杀，影响生长和成活率。

5. 苗种的消毒及清肠处理

苗种在入池前必须经过严格的消毒和清肠处理。方法是将黄鳝苗种放入3% ~ 5%的食盐溶液中浸泡消毒8min，杀灭病菌和寄生虫，消毒后立即放养，注意观察苗种的活动情况，翻腾、蹦跳激烈的，可能是受伤苗种，或者是患有腐皮病，应剔除掉。然后，放入清水中，如发现有懒洋洋的，且用手抓挣扎无力的，也要剔除掉。最后再用8%的食盐溶液浸泡5min，这时鳝苗肠道基本吐空洗净，便可放养下池。

6. 配养泥鳅

黄鳝苗种放足后，在鳝池中可搭配养殖一些泥鳅，放养量一般为每平方米8 ~ 16尾。搭配泥鳅有五个作用，一是泥鳅好动，其上下游动可改善鳝池的通水、通气条件；二是可防止黄鳝密度过大而引起的混穴和相互缠绕；三是泥鳅可以清除池塘的剩余残饵，搅和池泥；四是混养的泥鳅可减少鳝病的发生；五是养殖出来的泥鳅本身就是经济价值很高的水产品，可以增产增收。另外，鳝池中按每5m² 混养1只龟，能起到同泥鳅一样的作用。

七 科学投饵

池塘养殖黄鳝，由于它们高密度地集中在一个小范围内，它们的活动受到限制，必须投饵精养。

1. 饲料来源

黄鳝是以肉食性为主的杂食性鱼类，喜食鲜活饵料，在人工饲养条件下，主要饵料有蚯蚓、蝇蛆、大型浮游动物、小杂鱼、蝌蚪、蚕蛹、螺蛳、河蚌肉、昆虫及其幼虫、动物性内脏等，动物性饲料不够时，也可投喂米饭、面条、瓜果皮等植物性饲料。在投喂时应注意多品种搭配投喂，以降低黄鳝对某种食物的选择性和依赖性。

可就地取材多渠道落实其饵料来源。①在养殖池内施足基肥，培育枝角类、桡足类、轮虫及底栖动物等天然饵料生物。②在养殖池内放养一部分怀卵的鲫鱼、抱卵虾，利用它们产卵条件要求不高但产仔较多的优势，促进它们一年多次产卵孵化出幼体供黄鳝取食。③专门饲养福寿螺或螺蛳、河蚌等，也可以与发展珍珠养殖相结合，利用蚌肉作为饵料。④在养殖池上方加挂黑光灯诱捕飞蛾、螟虫及其他昆虫供黄鳝捕食。⑤利用猪、羊、鹅、鸭的内脏给黄鳝吃，要注意尽可能将这些动物内脏切碎。⑥培育或挖取蚯蚓、人工繁殖蝇蛆，也可用猪血等招引苍蝇生蛆。

2. 投饵技术

黄鳝苗种在入池后的 1~2 天内先不要立即投喂饲料，而是先让它们饥饿一下，同时让它们适应新的环境后再开始投饵，效果会更好。黄鳝投饵应坚持"四定"原则。

1）定时。根据黄鳝昼伏夜出的生活习性，定在每天傍晚投喂为好。为了便于观察，可逐步驯化至白天喂食。

2）定质。从养殖的实践看，以鲜活饵料为主，植物性饵料（如果皮、米饭、瓜果等酸甜食物）为辅。也可人工培育蚯蚓、黄粉虫、蝇蛆等，保证饲料新鲜不变质，腐败变臭的饵料应坚决不用。较大的饵料要剁碎或吊挂在池中，任其撕食。螺蛳、河蚌及蚬等硬壳饵料，投放前须砸碎其外壳。

3）定量。黄鳝的摄食强度直接与水温有关，每天投喂 1~2 次，投喂量为黄鳝总体重的 3%~5%，具体可根据水温的高低及黄鳝的吃食情况适当调整。一般应在投饵后 2h 进行检查，若饵料已吃完，说明饵料量不足，应适当增加，若 2h 没吃完，则说明饵料过量，应适当减量。饵料过剩，将败坏水质，造成疾病。

4）定位。为使黄鳝养成定点吃食的习惯，便于观察吃食情况和清扫残料，达到"精养、细喂、勤管"的要求，应在池塘中设置3~5 个饵料台，每天应及时清除饵料台上的污物与残饵，并每隔 5 天放置于太阳下暴晒 1 次。

3. 驯饵

需要特别指出的是，由于目前黄鳝的全人工繁殖技术还不是很成功，因此目前在人工养殖时，黄鳝的苗种主要来源于野生采捕，它们在初放养时对环境很不适应，一般不吃人工投喂的饲料，因而需要驯饲，否则容易导致其食欲不振，造成养殖失败。

> ➡ **【提示】** 驯饲的方法和技巧也很多，都有一定的效果，这里介绍一种适于池塘养殖的驯饲方法。鳝种放养两天内不投喂饲料，促进黄鳝腹中的食物消化殆尽，使其产生饥饿感，然后将池水放掉加新水，于第三天20：00～22：00开始进行引食。引食时用黄鳝最喜欢吃的蚯蚓、河蚌肉切碎，分几小堆放在进水口一边，并适当进水，造成微流刺激黄鳝前来摄食。第一次的投饲量为鳝种重量的1%～3%，第二天早晨如果全部吃完，投饲量可增加到4%～6%，而且第二天喂饵的时间可向前提前半小时左右。如果当天的饲料吃不完，应将残料捞出，第二天仍按前天的投饲量投喂，待吃食正常后，可在饲料中掺入来源较易的瓜果皮、豆饼等，也可渐渐地用配合饲料投喂，同时减少引食饲料，如果吃得正常，以后每天增加普通的配合饲料，十几天后，就可正常投喂了。而且也可以驯化黄鳝在白天摄食。

八 水质调控

水、种、饵、管是水产养殖的四大物质基础。池塘水质良好，不仅可以减少黄鳝疾病的发生，而且可以降低饵料系数，提高养殖的经济效益。

1. 控制水质，稳定水位

成鳝池水质要求"肥、活、嫩、爽"，含氧量充足，水中含氧量不能低于3mg/L。应根据池内的水质确定是否及时换水。在阳光下，若池水为嫩绿色，则为适宜的水质，若池水为深绿色，应考虑换水。若池水发黑，用手沾起来闻一闻，已有异味，应立即换水。春秋两季，一般7天左右换水1次，夏季1～3天换水1次，冬季每月换水1～2次，每次换水量在20%～50%，有条件的地方可在鳝池中形成微流水。及时捞除残饵、污物，保持水质清新。

根据具体情况适时加注新水。黄鳝有穴居习惯，而且能在空气中直接呼吸氧气，需经常把头部伸出水面，故池水不宜过深，否则对吃食、呼吸均有困难。池水过浅，容易变质，高温季节可再加深池水，天气突变（雨天转晴或晴天转雨）及天气闷热时，要及时注入新水，防止黄鳝缺氧频频浮头，一般需稳定在 10～15cm，最深不能超过 30cm。

2. 生物调控水质

较大较深的养鳝池中，可混养少量罗非鱼、鲤鱼、鲫鱼、泥鳅等杂食性鱼类，能起到清除残饵粪便、净化水质等作用。另外种植水生植物如茭白、浮萍、水草等都可以达到净化水质的目的。

3. 泼洒生物制剂控制水质

在黄鳝的池塘养殖中，可以通过泼洒适量的生物制剂来达到控制水质的目的，用于水产上的生物制剂是比较多的，效果也非常好，例如光合细菌、芽孢杆菌、乳酸菌、酵母菌、EM 原露等，这里介绍一种在黄鳝养殖上常用的 EM 原露生物制剂的使用技巧。1）在黄鳝放养前全池泼洒，可以对养鳝池塘进行水质净化和底泥改良，用量是每 $100m^2$ 鳝池用 1kg EM 喷洒。2）在黄鳝的饲养期间进行泼洒，一般每隔 15 天左右全池泼洒 EM 菌液，目的是更好地防病治病，用量为每 $1m^3$ 水体泼洒 10mL。如果是水质败坏或污染较重的鳝池，应视实际情况适当缩短泼洒时间，以促使水中污物尽快分解。3）将 EM 原露添加到饵料中来投喂给黄鳝吃，由于制作黄鳝的软颗粒饵料需向干料中加水，那么就可以用 EM 液代替部分水而加入饵料中，添加量为饵料总重量的 2%～5%，对促进黄鳝的消化和预防肠炎很有作用。4）由于 EM 原露的自身特性，它们是微生物菌群，生石灰、漂白粉、茶粕等杀菌剂对其有杀灭作用，不可混用，如果因为治病需要施用时，一定等生石灰等药物失去效力后才能施用 EM 原露。

4. 保持肥度

黄鳝池塘水质的管理，还有一项重要任务就是要使池水保持适宜的肥度，能提供适量的饵料生物，以利于黄鳝的生长发育。

5. 改善水质

如果黄鳝养殖池塘的水质变坏，可以适时施用药物，如定期施用生石灰等改善水质。

九 加强日常管理

1. 筛鱼分池

鳝鱼种内竞争性很强，同规格下池的鱼，经一段时间的饲养，规格就会参差不齐，长此以往不利于产量的提高。所以，在鳝鱼生长期间，应每隔 1 个月左右，将池中的鳝鱼全部捕出，经过筛选，将大、中、小规格的鳝鱼分池饲养。秋后生长期结束前，也应将鱼全部捕出，把已达商品规格的鱼放入待销池中，其余不同规格的鱼，按来年生产需要分池放养。这样，鳝鱼种经一个冬天的适应，明年即可较早进入旺长阶段。

2. 防止逃跑

在池塘养殖黄鳝时，它逃跑的主要途径有四种。一是连续下雨，池水上涨，随溢水外逃；二是排水孔拦鱼设备损坏，从中潜逃；三是从池壁、池底裂缝中逃遁；四是鳝鱼池池小水浅，在灌注新水时，要防止水溢鱼逃。

因此在防逃时要做好以下几点工作。

1）养殖户应尽可能多到池边查看，有条件的可于每天早、中、晚巡池一次，如条件许可，更应经常巡池。看是否有排水管堵塞现象，看排水沟是否通畅，看是否有黄鳝逃出池外等。通过巡视，我们能及时发现问题，并想办法加以改进，从而避免或减少损失。

2）要经常检查水位、池底裂缝及排水孔的拦鱼设备，及时修好池壁，堵塞黄鳝逃跑的途径。

3）在雨天还要重点注意溢水口是否畅通，拦鱼网是否牢固，以防黄鳝外逃。另外养鳝池边不能有草绳、木棒延伸于池外，因而雨天黄鳝最易顺水逃逸。

3. 预防病害

经常检查黄鳝健康状况，做好日常鳝病预防工作。在养殖池内可混养少量泥鳅可有效防止发烧病；控制水温的相对温度可有效防止感冒病；在鳝池内投放一些癞蛤蟆，可有效防止梅花斑病。也可在饵料中添喂适量大蒜素，用以预防细菌性疾病。

第二节　泥鳅的高效养殖

泥鳅是一种营养价值较高的鱼类，深受人们的青睐，市场前景看好。泥鳅对水质的要求不太严格，池塘、稻田、水沟和田头坑塘都能养殖，在农村有广阔的发展空间，是农民增收致富的有效途径。

一　养殖池的选择

1. 泥鳅池分类

泥鳅池分苗种池和成鱼池两种，苗种池面积为 $30 \sim 60m^2$，水深为 $15 \sim 40cm$；成鱼池面积为 $100 \sim 200m^2$，大的可达 $700m^2$，水深达 $40cm$。大池主要用于饲养商品鳅或种鳅。

2. 池塘位置

选择适宜的地点建池，是饲养泥鳅的首要问题。池塘应建在房前屋后、避风向阳、阳光充足、温暖通风、引水方便、水质清新、弱酸性底质、周边地区无工业或城市污染源、不受农药或有毒废水的侵害污染、交通便利、电力有保障的空地，最好能自流自排。

3. 池塘面积

池塘面积以 1 亩左右为宜，长方形，不宜太大。苗种池可小一些，$30 \sim 50m^2$ 为佳。池深一般为 $50 \sim 100cm$。

4. 水源与水质

泥鳅适应性强，无污染的江、河、湖、库、井水及自来水均可用来养泥鳅。只有在冷泉冒出及旱涝灾害特别严重的地方，不宜养泥鳅。

根据泥鳅的生态习性，养殖用水溶解氧可在 $3.0mg/L$ 以上，PH 在 $6.0 \sim 8.0$，透明度在 $15cm$ 左右。

5. 池塘土质

土质对饲养泥鳅的效果影响很大，生产实践中表明，在黏质土中生长的泥鳅，身体黄色，脂肪较多，骨骼软嫩，味道鲜美；在沙质土中生长的泥鳅，身体乌黑，脂肪略少，骨骼较硬，味道也差。因此，养鳅池以黏土质为好，呈中性或弱酸性（彩图4-2）。

二 防逃的处理

泥鳅个体小，生长慢，有钻泥的本能，捕捞十分困难，逃跑能力强，只要有小小的缝隙，它便能钻出去。如果池塘有漏洞，泥鳅甚至能在一天之内，逃得干干净净，所以，泥鳅的养殖与其他鱼类养殖在池塘准备上是有很大不同的。主要表现在池塘的处理上，在建造成鳅池时，考虑到泥鳅特有的潜泥性能和逃跑能力，重点是做好防逃措施，同时也可以防止蛇、鼠及敌害生物和野杂鱼等进入养殖区。

1. 池壁处理

池的四壁在修整后须夯实，杜绝渗漏，四周可用水泥筑墙、薄膜贴埂、铲光土壁等措施来达到防逃的目的。

2. 池底处理

在处理池塘的底部时，要把池塘的底部夯得结结实实。

3. 进出水口处理

池塘上设进水口、下开排水口，进排水口呈对角线设置，进水口最好采用跌水式，池壁四周高出水面20cm，避免雨水直接流入池塘；出水口与正常水位持平处都要用铁丝网或塑料网、篾闸围住，防止泥鳅逃逸或被洪水冲跑。排水底孔位于池底鱼溜底部，并用PVC管接上，高出水面30cm，排水时可调节PVC管高度，任意调节水位。因为现在的PVC管道造价比较便宜，所以许多养殖场都考虑用PVC管道作为池塘的进水管道，它的一端出自蓄水池边的提水设备，另一端直接通到池塘的一边。

4. 设置溢水口

为防止池水因暴雨等原因过满而引起漫池逃鱼，须在排水沟一侧设一溢水口，深5～10cm、宽15～20cm，用网罩住。平时应及时清除网上的污物，以防堵塞。

5. 铺设塑料布

在生产实践中，许多养殖户还采用处理池塘边缘的方法来达到防逃的目的，就是沿着池塘的四周边缘挖出近1m深的沟，然后把厚实的塑料布从沟底一直铺到地面，塑料布的接口也得连接紧密，上端高出水面20cm。将塑料布沿着池子的边缘铺满之后，用挖出的土将塑料布压实，这样塑料布就和池塘连成了一体。塑料布的上端，每隔 1m 左右用木桩固定，保证塑料布不被大风刮开，可有效防止泥鳅逃跑和敌害生物进入。也可用水泥板、砖块硬塑料板或三合土压实筑成。

三 池塘培肥

泥鳅的食性较杂，水体中的小动物、植物、浮游微生物、底栖动物及有机碎屑都是它的食物。但是作为幼鳅，最好的食物还是水体中的浮游生物，因此，在泥鳅养殖阶段，采取培肥水质、培养天然饵料生物的技术是养殖泥鳅的重要保证。

可在药物清塘 5 天后加注过滤的新水 25cm，每亩施有机肥150 ~ 250kg，用于培肥水质。用有机肥来做基肥，每 10 天施发酵腐熟了的鸡粪 400kg 或猪、牛、人粪 600 ~ 800kg，均匀撒在池内或集中堆放在鱼溜内，让其继续发酵腐化，以后视水质肥瘦适当施肥。待水色变黄绿色，透明度 15 ~ 20cm 后，肉眼观察时以看不见池底泥土为宜，即可投放鳅苗。过早施肥会生出许多大型的浮游动物，泥鳅苗种嘴小吞不下；过迟施肥浮游动物还没有生长，泥鳅苗种下塘以后就找不到足够的饵料。如果施肥得当，水肥适中，适口饵料就很丰富，泥鳅苗种下池以后，成活率就高，生长就快。

> ● 【提示】 除施基肥外，还应根据水色，及时追肥。在施肥培肥水质时还有一点应引起养殖户的注意，我们建议最好是用有机肥培肥水质，在有机肥难以满足的情况下或者是池塘连片生产、不可能有那么多的有机肥时，也可以施用化肥来培肥水质，同样有效果，只是化肥的肥效很快，培养的浮游生物消失得也很快，因此需要不断地进行施肥，生产实践表明，如果是施化肥，可施过磷酸钙、尿素、碳铵等化肥，例如每立方米水可施氮素肥7g，磷肥1g。

四 投放水生植物

泥鳅养殖池内应种些水生植物，如套种慈姑、浮萍、水葫芦、水花生、水葫芦等水生植物，覆盖面积占池塘总面积的 1/4 左右，以便增氧、降温及遮阳，避免高温阳光直射，为泥鳅提供舒适、安静的栖息场所，有利于摄食生长，以利于泥鳅生活，同时，水生植物的根部还为一些底栖生物的繁殖提供场所，有的水生植物本身还具有一些效益，可以增加收入。当夏季池中杂草太多时，应予清除，池内可放养一些藻类或浮萍，既可以改善水质，又可以补充泥鳅的植物性饲料。

五　泥鳅的放养

1. 泥鳅放养的模式和时间

成鳅养殖指的是从 5cm 左右鳅种养成每尾 12g 左右的商品鳅。根据养殖生产的实践，池塘养殖泥鳅时的投放模式有两种，效果都还不错，一种是当年放养苗种当年收获成鳅，就是 4 月前把体长 4 ~ 7cm 的上年苗养殖到下半年的 10 ~ 12 月收获，这样既有利于泥鳅生长，提高饲料效率，当年能达到上市规格，还能减少由于囤养、运输带来的病害与死亡。规格过大易性成熟，成活率低，规格太小到秋天不容易养殖成大规格商品泥鳅。第二种就是第二年下半年收获，也就是当年 9 月将体长 3cm 的泥鳅养到第二年的 7 ~ 8 月收获。不同的养殖模式，它们的放养量和管理也有一定差别（彩图 4-3、图 4-1）。

图 4-1　泥鳅水花

放养泥鳅的时间、规格、密度等会直接影响到泥鳅养殖的经济效益，由于 4～5 月上旬，正值泥鳅怀卵时期，这时候捕捞、放养较大规格的泥鳅，往往都已达到性成熟，经不住囤养和运输的折腾而受伤，在放苗后的 15 天内形成性成熟的泥鳅会大批量死亡，同时部分性成熟的泥鳅不容易生长。因此我们建议放养时间最好避开泥鳅繁殖季节，可选在 2～3 月或 6 月中旬后放苗。

2. 放养品种

如果是自己培育的苗种，则可以使用，如果是从外面买来的苗种，则要对品种进行观察筛选，泥鳅品种以选择黄斑鳅为最好，灰鳅次之，尽量减少青鳅苗的投放量。另外在放养时最好注意苗种供应商的泥鳅苗来源，以人工网具捕捉的为好，杜绝电捕和药捕苗的放养。

3. 放养密度

待池水转肥后即可投放鳅种，若规格为 6cm，放养量为每亩 4 万尾，体长 3cm 左右的鱼种，在水深 40cm 的池中每亩放养 3 万尾左右，水深 60cm 左右时可增加到 5 万尾左右，有流水条件及技术力量好的可适当增加。要注意的是，同一池中放养的鳅种要求规格均匀整齐，大小差距不能太大，以免大鳅吃小鳅，具体放养量要根据池塘和水质条件、饲养管理水平、计划出池规格等因素灵活掌握。

4. 放养时的处理

鳅种放养前用 3%～5% 的食盐溶液消毒，以降低水霉病的发生，浸洗时间为 5～10min。用 1% 的聚维铜碘溶液浸浴 5～10min，杀灭其体表的病原体。也可用 8~10mg/L 的漂白粉溶液进行鱼种消毒，当水温在 10~15℃时浸洗时间为 20~30min，杀灭泥鳅鱼种体表的病原菌，增加抗病能力。

在泥鳅池中可适当搭养中上层鱼类，如草鱼、鲢鱼、鳙鱼等夏花鱼种，不宜搭配罗非鱼、鲤鱼、鲫鱼等品种。

六 科学投饵

1. 饵料选择

泥鳅的食性很广，泥鳅苗种投放后，除施肥培肥水质外，应投喂人工饲料，以促进成鳅生长，饲料可因地制宜，除人工配合料外，成鳅养殖还可以充分利用鲜、活动植物饵料，如蚯蚓、蝇蛆、螺肉、贝肉、野杂鱼肉、动物内脏、蚕蛹、畜禽血、鱼粉和谷类、米糠、麦麸、次粉、豆饼、豆渣、饼粕、熟甘薯、食品加工废弃物和蔬菜茎叶等。泥鳅对动物性饵料特别爱吃，尤其是破碎的鱼肉。因此给泥鳅投喂的饵料以动物性饵料为主，在生产中，许多养殖户注意到一个现象，那就是在泥鳅摄食旺季，不能让泥鳅吃得太多，如果连续一周投喂单一高蛋白饲料，例如鱼肉，由于泥鳅贪食，吃得太多会引起肠道过度充塞，就会导致泥鳅在池中集群，并影响肠呼吸，使其大量死亡，因此应注意将高蛋白质饲料和纤维质饲料配合投喂。为了防止泥鳅过度待在食场贪食，可以多设一些食台，并将其均匀分布。

另外，泥鳅饵料的选择和食欲还与水温有一定的关系，当水温在 20℃以下时，以投喂植物性饵料为主，占 60%~70%；水温在 21~23℃时，动植物饵料各占 50%；当水温超过 24℃时，植物性饵料应减少到 30%~40%。

2. 投饵量

水温 15℃时以上时泥鳅食欲逐渐增强，此时投饵量为体重的 2%，随水温升高而逐步增加，水温为 20~23℃时，日投喂量约为体重的 3%~5%；水温 23~26℃时，日投喂量约为体重的 5%~8%；在 26~30℃食欲特别旺盛，此时可将投饵量增加到体重的 10%~15%，促进其生长。在水温高于 30℃或低于 10℃时，应减少投饵量甚至停喂饵料。饵料应做成块状或团状的黏性饵，定点设置食台投喂，投喂时间以傍晚投饵为宜。

3. 投饵方式

投喂人工配合饲料，一般每天上、下午各喂 1 次，投饵应视水质、天气、摄食情况灵活掌握，以第二日凌晨不见剩食或略见剩食为度。投饵要做到定时、定点、定质、定量。

七 水质调控

养殖池水质的好坏，对泥鳅的生长发育极为重要。泥鳅池塘水质的调控方法主要有以下几种。

1. 及时调整水色

要保持池塘水质"肥、活、爽"，养殖泥鳅的池塘水色以黄绿色为佳，透明度以 20～30cm 为宜，溶解氧的含量达到 3.5mg/L 以上，pH 在 7.6～8.8，养殖前期以加水为主，养殖中后期每 2～3 天换水 1 次，每次换水量在 20%～50%。当池水的透明度大于 25cm 时，就应追施有机粪肥，增加池塘中的桡足类、枝角类等泥鳅的天然饵料生物；透明度小于 20cm 时，应减少或停施追肥。经常观察水色变化，当发现水色变为茶褐色、黑褐色或水体溶氧低于 2mg/L 时，要及时加注新水，更换部分老水，定期开启增氧机，以增加池水溶氧，避免泥鳅产生应激反应。

2. 及时施肥

通常每隔 15 天施肥 1 次，每次每亩施有机肥 15kg 左右。也可根据水色的具体情况，每次每亩施 1.5kg 尿素或 2.5kg 碳酸氢铵，以保持池水呈黄绿色。

3. 及时消毒

6～10 月每隔 2 周用二氧化氯消毒 1 次，若发现水塘水质已富营养化，还可结合使用微生态制剂，适当施一些芽孢杆菌、光合细菌等，以控制水质。光合细菌每次用量为使池水含量为 5～6g/m³，施用光合细菌 5～7 天后，池水水质即可好转。

4. 对温度进行有效控制

泥鳅最适宜生长的水温为 18～28℃，当水温达 30℃时，泥鳅大部分钻入泥中避暑，易造成缺氧窒息死亡，此时要经常更换池水，并增加水深，以调节水温和增加水体溶解氧。当泥鳅常游到水面浮头"吞气"时，表明水中缺氧，应停止施肥，注入新水。同时还要采取遮阳措施，在池塘宽边或四角栽种莲藕等挺水植物遮阴，降低池水水温，可用水葫芦和浮萍等水生植物遮阳。

5. 食场处理

每天检查并打扫食台一次，观察其摄食情况。每20天用$20g/m^3$的生石灰全池泼洒1次，每15天用漂白粉$1g/m^3$消毒食场1次。

6. 防止缺氧

夏季清晨，如果只有少数泥鳅浮出水面，或在池中不停地上下蹿游，这种情况属于轻度缺氧，太阳升起后便自动消失，如果有大量的泥鳅浮于水面，驱之不散或散后迅速集中，就是缺氧比较严重了，这时一定要及时解救。

八　疾病防治

泥鳅发病的原因多是因为日常管理和操作不当而引起，而且一旦发病，治疗起来也很困难，因此，对泥鳅的疾病应以预防为主。

1）泥鳅的饲养环境要选择好，适于泥鳅的生长发育，减少应激反应。

2）要选择体质健壮、活动强烈、体表光滑、无病无伤的苗种。

3）在鳅苗下池前进行严格的鱼体消毒，杀灭鱼体上的病菌。

4）投放合理的密度，放养密度太稀，则造成水面资源的浪费，放养密度太密，又容易导致泥鳅缺氧和生病。

5）定期加注新水，改善池塘水质，增加池水溶氧，调节池塘水温，减少疾病的发生。

6）加强饲料管理工作，观察泥鳅的摄食、活动和病害发生情况，腐臭变质的饲料绝不能投喂，否则，泥鳅易发生肠炎等疾病，同时要及时清扫食场、捞除剩饵。

7）在饲养过程中，定期用药物进行全池洒消毒、调节水质，杀灭池中的致病菌，可以用1%的聚维酮碘全池泼洒，使池水含量达到$0.5g/m^3$。

8）定期投喂药饵，并结合用硫酸铜和硫酸亚铁合剂进行食台挂篓挂袋，增强池塘中泥鳅的抗病力，防止疾病的发生和蔓延。

9）捕捞运输过程中规范操作，避免因人为原因使鱼体受伤感染，引发疾病。

10）定期检查泥鳅的生长情况，避免发生营养性疾病。

11）加强每天巡池，要注意观察，如果发现池中有病鱼死鱼要及时捞出，查明发病死亡的原因，及时采取治疗措施，对病鱼和死鱼要在远离饲养池的地方，采取焚烧或深埋的方法进行处理，避免病源扩散。

九 捕捞

当泥鳅每尾长到 15～20g 时，便可起捕上市。成鳅一般在 10 月开始捕捞，原则是捕大留小，宜早不宜晚，以防天气突变，成鳅钻入泥土中不易捕捞。在收捕前经常测温，北方地区泥鳅的收捕温度应在 15℃ 以上。

泥鳅的起捕方式很多，常用的是诱捕和网捕。用须笼捕泥鳅效果较好，一个池塘中多放几个须笼，笼内放入适量炒过的米糠，须笼放在投饵场附近或荫蔽处捕获量较高，起捕率可达 80% 以上，当大部分泥鳅捕完后可外套张网放水捕捉。

对于养殖密度较高的池塘，可以用拉网的方式来捕捞泥鳅。用捕捞家鱼苗、鱼种的池塘拉网，或专门编织起来的拉网扦捕池塘养殖泥鳅。作业时，先肃清水中的阻碍物，尤其是专门设置的食场木桩等，然后将鱼粉或炒米糠、麦麸等香味浓厚的饵料做成团状的硬性饵料，放入食场作为诱饵，等泥鳅上食场摄食时，下网快速扦捕泥鳅，起捕率较高。

第三节　翘嘴红鲌的高效养殖

池塘主养翘嘴红鲌是当前各地翘嘴红鲌养殖的主要模式，该模式适合连片池塘，这样有利于集中管理、捕捞方便，养殖中也可采用捕大留小的方法，使成鱼上市量相对不集中，从而使鱼价不受影响，提高经济效益（彩图4-4）。

一 池塘要求

1. 位置

翘嘴红鲌的成鱼养殖对池塘条件要求并不太严格，但是要求池塘交通、电力配套、生态环境良好。为了取得高产和较高的经济效益，还是要选择水源充足、注排水方便、无污染、交通方便的地方建造鱼池，池塘东西向。对于翘嘴红鲌的规模化养殖，它的鱼池通常是成片开挖的，设置方式有并联式放置、串联式放置和"田"字形放置。

2. 水源与水质

以无污染的江河、湖泊、水库水最好，水源充足，每个池塘有独立的进排水系统。水质要满足渔业用水标准，无毒副作用，对水源每年夏、秋季要经常进行水质测定，要求水体溶氧在4mg/L以上，透明度在40cm左右，pH为7.2～8.5。

3. 底质

池底平坦，淤泥厚度10～20cm，池埂宽、不渗漏。池埂周围最好有1m左右的水葫芦或水花生，以防止翘嘴红鲌跳跃时碰到埂壁，造成受伤。

4. 面积

面积一般为10～15亩，池内投饵机、增氧设施等渔业机械配套齐全，高产池塘要求配备1～2台1.5kW的叶轮式增氧机，以利于提高单位面积产量。

5. 水深

池塘主养翘嘴红鲌对池塘的容量是有一定要求的，饲养池的水深应在1.5～2.5m。

二 放养前的准备

1. 池塘的清整与消毒

池塘清整是改善养鱼环境条件的一项重要工作。池塘经过一段时间养鱼，淤泥越积越厚，而且还存在各种病菌和野杂鱼类。池塘淤泥过多，水中有机质也多，大量的有机质经细菌作用氧化分解，消耗大量溶氧，使池塘下层水处于缺氧状态。淤泥过多也易使水质变坏，水体酸性增加，病菌易于大量繁殖，使鱼体抵抗力减弱。此外，崩塌的塘基也需要修整。因此，需要经常清整池塘，每年冬季抽干池水，暴晒池塘，清除过多的淤泥和杂物，保持淤泥深10～15cm。

清塘在放养前10天进行，按150kg/亩将生石灰分放入多个小坑中，注水溶化成石灰浆水，然后趁热将其均匀泼洒全池，池塘留水

10～20cm，再将石灰浆水与泥浆搅拌均匀混合，10天后经试水确认无毒，即可放养苗种。

2. 培肥

水体有一定的肥度，可以为翘嘴红鲌提供优良的天然饵料，尤其是小规格鱼种下塘时，其食性在一定程度上还依赖水体的活饵料。在清塘消毒后注水，注水时要严格过滤，以防敌害生物和野杂鱼进入池内。水注到1m时，每亩施发酵好的有机肥150kg，培育浮游生物。

三 鱼种放养

1. 放养时间

翘嘴红鲌2月就开始吃食，因此放养时间应在每年1月底结束，只要水温适合，在时间上总是以提早放养为好，有利于翘嘴红鲌早适应环境、早开食，提高成活率，可以延长其生长期，提高成鱼产量。

2. 放养规格

苗种规格的大小，直接影响到翘嘴红鲌池塘养殖的产量。一般认为，放养大规格鱼种是提高池塘鱼产量的一项重要措施。苗种放养的规格大，相对成活率就高，鱼体增重大，能够提高单位面积产量和增大成鱼出池规格。根据生产实践，放养的翘嘴红鲌鱼种以规格15cm以上的冬片鱼种为好，当年可达到每尾在1000g以上的上市规格，商品率达95％以上（图4-2）。

图4-2　大规格翘嘴红鲌鱼种

翘嘴红鲌生性凶猛，每亩池塘放养的规格应基本一致，若规格差别过大，会因抢食能力的强弱导致更大的个体差异，从而产生大小相残，影响成活率和产量，所以苗种入塘时要进行筛选，不同规格分池饲养。

3. 放养密度

合理的放养密度，要根据池塘的条件、饲料和肥料供应情况、鱼苗的规格及饲养水平等因素来确定。在正常养殖情况下，每亩放养 800～1000 尾，成活率达 95%。下池前要对鱼体进行药物浸洗消毒（水温在 18～25℃时，用 5～6g/m³ 的溴氰菊酯溶液浸洗鱼体 5～10min，或用 3%～5% 的食盐溶液浸浴 10～15min），杀灭鱼体表的细菌和寄生虫，预防鱼种下池后被病害感染。也可用专门的苗种消毒药进行苗种消毒，使用方法为，每 50kg 养殖用水中加入苗种浸泡剂 10mL，充分搅拌均匀后将苗种放入其中浸泡 3～5min 即可，浸泡完毕后可将药液与苗种一并倒入养殖水体中（图 4-3）。

图 4-3　大规格翘嘴红鲌鱼种的入池

四　科学投饵

1. 饵料来源

饲养翘嘴红鲌时，可采取多种途径解决饵料来源。①投喂活性饵料，如小杂鱼、虾等适口活性饵料，可提高成鱼的肉质和成活率。也可事先在池中投放部分怀卵的鲫鱼和抱卵青虾，让其在池中自然繁殖，作为翘嘴红鲌的补充饲料。②投喂冰鲜鱼、家禽下脚料和蚕蛹，这样饲料可以降低养殖，发展规模养殖。③投喂人工配合饲料。主要是专用翘嘴红鲌人工配合饲料，要求蛋白质含量在35%以上，所投饲料要求无霉变、无污染、无毒性，不得添加国家禁用的添加剂和抗生素。

2. 饵料投喂

投喂配合饲料时，日投喂量为池中鱼总重的2%~3%，上下午各喂1次。5月前水温低，应少喂，7~9月水温高，鱼食欲旺盛，应多喂。到8月下旬，可适当增加精料的比例。饵料投要事先进行1周左右时间驯化，让翘嘴红鲌养成定点食场摄食的习性。投喂饲料要沿塘边浅滩四周泼洒，以便池鱼均能吃到食料，并做到定时、定量和定点。还要经常添喂青饲料，增加食物的多样性，以促进其生长，节约成本。

五 水质调节

要经常对翘嘴红鲌饲养池塘的水质进行调节，可采取以下措施。

1. 调控水位、合理注水

合理注水对调节水体的溶氧和酸碱度是有利的。养殖初期池塘水深保持在0.6~1m，浅水有利于水温提高和饵料生物生长，随着温度的升高逐步注入新水，到夏秋高温季节水深保持在2m以上，以后每2周更换一次新水，每次更换15~20cm，换水时尽可能先排掉部分老水，再注入新水；高温季节每4~7天注水1次，每次30cm左右；遇到特殊情况，要加大注水量或彻底换水。总之，当水体颜色变深时就要注水。加水时不要直接向水面冲水，有条件的可以将水管放入水底进水，因为流水会使翘嘴红鲌顶水跳跃，不但消耗体力，还容易使翘嘴红鲌疏松的鳞片脱落受伤。

2. 适当泼洒生石灰

使用生石灰，不仅可以改善水质，而且对防治鱼病也有积极作用。一般每半月每亩用量20kg，用水溶化后迅速全池泼洒。

3. 适时开启增氧机

面积5~10亩的池塘配套3kW增氧机一台，每天开启2~3h，合理使用增氧机不仅可以防治泛塘，还可以增加水体的鱼产量。一般晴天中午开机，阴天早晨开机，雨天半夜开机，如有浮头迹象立即开机。

4. 种植水葫芦

水温高于 30℃ 时翘嘴红鲌的食欲下降，生长速度也会受到影响，可以在池埂周围及池塘中间移植 1m 左右的水葫芦起到保持水温的作用，同时也可以吸收水中大量的氨氮和重金属离子，降解有机物，并抑制藻类的大量繁殖，起到净化水质的作用。

5. 使用生物制剂调节水质，为翘嘴红鲌生长营造良好的生态环境

在夏秋高温季节定期向水体泼洒高浓缩光合细菌（每毫升含活菌 1000 亿个以上），可有效稳定水体藻相，降低氨氮、亚硝酸盐和硫化氢的含量，净化水质，提高鱼体免疫力。用量为每亩 1m 水深 60 ~ 70mL，每月使用 1 ~ 2 次。

六 鱼病防治

鱼病的防治有六条具体措施。

1）调节池水的 pH，使之保持弱碱性，以利于翘嘴红鲌的生长。

2）坚持清塘消毒，一般每亩用生石灰 20kg，用水溶化后迅速全池泼洒，可以促进翘嘴红鲌鳞片更加结实，增强自我保护能力，兼顾杀虫灭菌。

3）放养健壮无病的鱼种，由于运输途中可能造成鳞片松动或脱落，容易使鱼体发生水霉病。因此鱼种下塘前要用 3% ~ 5% 的食盐溶液浸泡 10 ~ 15min。

4）是饲料质量要有保证。

5）定期投喂药饵，预防肠道疾病的发生，每万尾翘嘴红鲌用 90% 的晶体敌百虫 50g，混入饲料中，每 15 天投喂 1 次，每次连续 3 ~ 5 天。

6）发生疾病应马上采取措施，及时捞出病鱼和死鱼并深埋，防止相互感染。

七 捕捞

池塘养殖的翘嘴红鲌主要采取干塘捕捞和拉网捕捞。

1. 干塘捕捞

如果池底有深沟，可抽干池水，翘嘴红鲌集中到深沟，即可捕捉；如果池底没有深沟，干塘至水深 10cm 时下塘捕捉。

2. 拉网捕捞

拉网捕捞要求池底平坦，否则应采取干塘捕捞。翘嘴红鲌容易网捕，捕捞2~3次即可捕起池塘中大部分翘嘴红鲌，如要全部捕完，需要干塘。

第四节　鳜鱼的高效养殖

鳜鱼又名桂花鱼、季花鱼。其肉质细嫩，味道鲜美，蛋白质含量高，是淡水鱼类中的名贵品种之一。早在我国唐代，就有过诗人张志和赞美鳜鱼的诗句："桃花流水鳜鱼肥"，佐证了鳜鱼为历代人们所青睐，是历代宴宾席上的珍肴、一种名贵的淡水水产品。随着人们生活水平的不断提高，野生鳜鱼远远不能满足市场需求，因而进行鳜鱼人工高效养殖，具有良好的发展前景（彩图4-5）。

一　养殖品种

鳜鱼是一个属，共有7种，其中以鳜鱼（又称翘嘴鳜）、大眼鳜和斑鳜最为常见。在鳜鱼的养殖过程中，由于鳜鱼和大眼鳜极易混淆，往往把大眼鳜当作鳜鱼来养殖，结果降低了养殖者的经济效益。这里介绍鳜鱼与大眼鳜的主要区别特征（表4-1）。

表4-1　鳜鱼与大眼鳜的区别

项　　目	鳜鱼	大眼鳜
眼睛	较小	较大
吻端至背鳍	自吻端穿过眼部至背鳍基前下方有一斜形褐色条纹。	斜形褐色条纹不达吻端
体侧	背鳍棘中部（第6~7背鳍棘）下的两侧有一较宽的与体轴相垂直的褐色斑条。	无

二　池塘条件

要求选择背风向阳、东西朝向、沙壤土底质、淤泥较少或没有淤泥的新开池塘，新开挖的池塘要视土质而定，酸性塘口、易混浊塘口不适宜养殖鳜鱼。池底应平坦，略向排水口倾斜，水深1.5~

2m，灌排水系统完善、注排水方便，水源充足、水质清新、无污染。附近无工业企业，如果是老塘，淤泥要控制在50cm以内。

鳜鱼主养池塘适宜面积为5～20亩，最适面积为8～12亩，水深2～3m。设有饵料鱼培育池，面积不宜过大，一般为3～5亩。饵料鱼培育池面积与养殖池面积比为1∶3～1∶4。鳜鱼养殖池塘应按0.15kW/亩配备增氧设备。

三　清塘消毒

冬季抽干池水让其冷冻暴晒20～30天后，清除杂草和池底过多淤泥，保留淤泥厚度不超过10cm，修补池塘缺口并加固池埂。

放养前要清整池塘，清除淤泥，进行冻晒，彻底杀灭病原体。用于清塘消毒的药物有生石灰、漂白粉、茶粕、鱼藤精等，生石灰为最好。经修整过的池塘采用干法清塘，排干池水，保留水深5cm左右，在池底四周和中间多选几个点，挖成一个个小坑，小坑的多少，以能泼洒遍及全池为限，将生石灰倒入小坑内，用量为每亩池塘用生石灰50kg左右，加水后生石灰会立即溶化成石灰浆水，同时会放出大量的烟气和发出咕嘟咕嘟的声音，这时要趁热向四周均匀泼洒，池塘的堤岸、边缘和鱼池中心及洞穴都要洒到。为了提高消毒效果，第二天可用铁耙再将池底淤泥耙动一下，使石灰浆和淤泥充分混合，将泥鳅、乌鳢、黄鳝等野杂鱼、敌害生物和各种病原菌杀死。另外用生石灰消毒，还能使底泥里的休眠浮游生物卵露出泥面得以萌发，加快了浮游生物的繁殖速度和增加水中钙离子含量，有利于鳜鱼的健康生长。

间隔20天后进行注水，注水时用密眼网布过滤，严防敌害生物入塘。

> ➡ 【提示】　放养鳜鱼苗前2～3天，要放"试水鱼"，以检查清塘药物毒性是否消失。

四　饵料鱼培育

鳜鱼终生以鱼、虾等活饵为食，刚刚孵化出来的鱼苗其卵黄囊还没有完全消失前就开始摄食比较纤细的其他饵料鱼，进食部位一般为尾部，随着鱼体增大，其摄食的饵料鱼种类和个体也增多和增大。例如，鱼苗开口阶段，以团头鲂、三角鲂、长春鳊、细鳞斜颌鲴、黄尾密鲴、餐条鱼等的鱼苗为主。幼鱼阶段和成鱼阶段则以易得的和适口的鱼、虾为主，也就是以底层鱼类和虾类为主，如鲤鱼、鲫鱼、鲴亚科鱼类等。

因此我们在养殖鳜鱼时，必须为它们提供充足的适口的鲜活饵料，我们称之为基础饵料鱼。

➡ **【提示】** 在鳜鱼夏花鱼种放养前，应放养20倍于鳜鱼夏花鱼种的饵料鱼苗，以供鳜鱼夏花鱼种下池后有适口的饵料鱼苗摄食，尽快适应新的生态环境。

1. 注水施肥

在饵料鱼苗放养前7天，将池水加至50cm，施腐熟的有机粪肥150kg/亩左右，以培育轮虫、枝角类等浮游动物，为接下来的饵料鱼培育做准备。

2. 饵料鱼种类

饵料鱼的种类主要有鲮鱼、团头鲂、鲢鱼、鳙鱼、草鱼、鲫鱼、鲤鱼、麦穗鱼及餐条鱼等，出于苗种来源难易程度的考虑，我们建议用鲢鱼、鳙鱼作为饵料鱼进行培育（图4-4）。

3. 饵料鱼放养密度

饵料鱼苗放养前1天，向池内注入新鲜水10cm，保持水质清新且天然生物丰富。一般饵料鱼放养密度为30万尾/亩左右。鱼苗放入后不用立即投饵，要对鱼苗的密度、体质、生长速度和水中红虫的数量进行仔细观察，当发现池塘中的红虫数量明显减少时，可见饵料鱼苗在池四周觅食，这时可投喂准备好的饵料，并坚持经常检查各投喂点的摄食情况，到后期对饵料鱼规格应予以控制。一般放养 8～10cm 的鳜鱼种，饵料鱼的

图4-4　饵料鱼

规格应控制在 3～4cm，如果不对饵料鱼的规格进行控制的话，饵料鱼在吃了充足的食物后，会长得很快，鳜鱼难以捕捉，即使捕捉上了，也难以下口。饵料鱼宜采用多池、不同密度饲养、分次起捕、逐步拉疏的养殖方法，保证饵料鱼与鳜鱼同步生长。

五 鱼种放养

1. 鱼种质量

选择无病无伤、活动力强、体色鲜艳的质量较好的鳜鱼苗种。

2. 放养规格

鳜鱼种规格以 5～6cm 为宜，如果条件适宜的，可以放养规格为 8～10cm 的鱼种。由于鳜鱼有相残和相食的习性，要求放养的鱼种规格整齐。

3. 放养密度

放养密度与池塘环境、饵料鱼的供应和养殖技术密切相关，一般以 800～1200 尾/亩为宜。具体数量根据池塘条件、饵料鱼数量及成鱼预期规格等实际情况酌情而定。

4. 放养时间

放养时间在 5 月下旬～6 月上旬。

5. 配养鱼类

为了充分利用养殖水体空间，可搭配放养部分在生态与食性上与鳜鱼无冲突的黄颡鱼与花白鲢。黄颡鱼种的放养规格为 30 尾/kg 左右，放养密度为 100 尾/亩，放养时间在 6 月中旬；花白鲢鱼种的放养规格为 150 尾/kg 左右，放养密度为 200 尾/亩（其中花鲢为 50 尾），放养时间在 7 月上旬。也可放入一些大的泥鳅和鲫鱼等，让它们在养殖池内自然繁殖，为鳜鱼提供喜食的活饵料，而且还可在池内繁殖仔鱼，培育鱼种。

6. 鱼体消毒

在鳜鱼种下塘前 1～2 天，对放养的鳜鱼鱼种及套养鱼类用每立方米水体 0.7g 的硫酸铜和硫酸亚铁合剂（5∶2）全池泼洒 1 次，或用 2%～4% 的食盐溶液浸浴鱼苗 3～5min，或用每立方米水体 3g 的硫酸铜溶液或 20g 的高锰酸钾溶液浸洗 5～10min，杀灭水体中的寄生虫和其他病原菌，以提高鳜鱼种放养的成活率。

六 饵料鱼投喂

鳜鱼是肉食性凶猛鱼类，只吃活鱼，不食死鱼，可吃规格为其体长 70% 的饵料鱼。

1. 饵料鱼的要求

为了确保鳜鱼养殖成功，饵料鱼的充足供应是前提，对饵料鱼的要求是：①鲜活，鳜鱼对死的东西一概不吃，即使误食后也会吐出来，因此要求饵料鱼不但要鲜，更要活。②大小适口，尤其是饵料鱼的大小要能让鳜鱼吞食下去，饵料鱼投喂时应掌握其适口性，适口饵料鱼的规格一般为鳜鱼体长的 1/3 左右，当饵料鱼规格不均匀时，需用鱼筛将大规格的饵料鱼筛去。③无硬棘，主要是考虑鳜鱼吞食时既不能被卡住，也要保证吞进肚子后不能刺破肠胃。④供应及时，不能让鳜鱼时饥时饱，根据养殖方式和规模、产量指标和收获时间，预先制定饵料鱼的生产和订购计划，包括提供时间、品种、规格和数量，鳜鱼全年饵料系数为 4 左右，因此我们可以根据目标产量预先计划出需要购买的饵料鱼数量。

2. 饵料鱼的来源

喂养鳜鱼的饵料鱼主要来源有 4 个。①人工专门饲养饵料鱼。②鱼池搭配饲养泥鳅、鲫鱼等，让它们自行繁殖，来提供活饵。③到 4 月，可补放一定数量的罗非鱼越冬小个体作为鳜鱼种的补充饵料源。④从野外收集的新活饵料鱼。

3. 饵料鱼的选择

根据鳜鱼的不同生长阶段，饵料鱼的选择有一定的差异性，一般选择长条形或纺锤形、棍棒形低值鱼类饵料鱼，以纺锤形最佳。

刚开口时以团头鲂鱼苗为最佳，鳙鱼、鲢鱼苗次之，当鳜鱼长到体长为 25cm 左右时，从来源、经济、喜食等方面考虑，则以鲤、鲫鱼苗为好。

4. 饵料鱼的消毒

饵料鱼在投喂前，必须经过严格的消毒杀虫处理。自己培育的饵料鱼，在准备过塘投喂鳜鱼前 2 天，全池泼洒硫酸铜或甲醛，含量分别为每立方米水体 7g 和 20g。购买的饵料鱼，应用每立方米水体 100～150g 的甲醛浸浴 1～15min 后，再行投喂。

5. 饵料鱼的投喂

（1）确定投喂方式　饵料鱼投喂可以采用每天投喂或分阶段投喂两种方式，无论是采用哪一种投喂的方式，应自始至终保证鳜鱼池内的饵料鱼剩余 15% ~ 20%。根据生产实践来看，考虑到每天拉网取鱼需要较多的人力和物力，建议采用分段式投喂。

（2）确定投放饵料鱼的数量　饵料鱼的投喂量应根据季节和鳜鱼摄食强度确定，夏秋季节是鳜鱼生长旺季，鳜鱼摄食旺盛，应适当多投喂，以 3 ~ 5 天吃完为佳；冬春季节鳜鱼摄食强度小，应适当少投喂，以 5 ~ 7 天吃完为宜。鳜鱼与饵料鱼的数量比应掌握在 1:10 ~ 1:5，若饵料鱼太少，会影响鳜鱼摄食和生长；若饵料鱼太多则容易引起缺氧浮头，对鳜鱼生长不利。

（3）掌握日投饵量　每次投饵量不宜过多，一般鳜鱼日摄食量为其体重的 5% ~ 12%，因此可根据池内鳜鱼的存塘数量和间隔天数大概估算出需要投放的数量。经 7 ~ 10 天的饲养，当饵料鱼达到 1.2 ~ 2.0cm 时，刚好为 4cm 以上的鳜鱼的适口饵料，此时，则应向鳜鱼池开始投放鳜鱼。

（4）及时补充饵料鱼　当池中饵料鱼充足时，早晨及傍晚鳜鱼摄食最旺盛，这两个时段观察鳜鱼摄食活动状况最适宜，通过观察可探知饵料鱼的存池量，以便提前安排饵料鱼的投喂计划。当池中饵料鱼充足时，鳜鱼在池水底层追捕摄食饵料鱼，池水表面只有零星的小水花，细听时，鳜鱼追食饵料鱼时发出的水声也小，且间隔时间较长。当池中饵料鱼不足时，鳜鱼追食饵料鱼至池水上层，因此水花大，发出的声音也大，且持续时间较长。若看到鳜鱼成群在池边追食饵料鱼，则说明池中饵料鱼已基本被吃完。

七　增氧

保持水体溶氧充足，是鳜鱼养殖过程中的重要技术措施之一。有条件的地区一般应配备 1 ~ 2 台增氧机，晴天和阴雨天开机 1 ~ 2h，一般在春末至秋末的每天中午或 16:00 ~ 17:00，若天气闷热反常，应在 3:00 ~ 5:00 开机直至日出为止。在无增氧设备和增氧设备出现故障无法使用时，可采用撒施增氧灵的应急措施，增氧灵的使用量参照生产厂家的使用说明书。增加水体的溶解氧，并保持水体上下水温的稳定，改良水质环境，有利于鳜鱼生长（彩图4-6）。

八　饲养管理

养殖前期及后期每3天投饵1次，中期（7～9月高温阶段）每1～2天投饵1次，一般每次投饵量为鳜鱼数量的4～5倍。养殖初期，应每10～15天加注新水1次，7～9月，随着水温升高，每5～7天加水一次。在整个养殖期间，一般每隔10～15天左右泼洒1次生石灰，浓度为15～20g/m³，以调节水中pH。发现鳜鱼有吐出饵料鱼的现象，也应立即开机增氧并加注新水。

九　捕捞

1. 野生鳜鱼的捕捞

鳜鱼在冬季栖息在湖水的深处，活动较少，在湖泊近岸处的水草丛中可常捕获到幼鳜。春季水温上升，气候转暖时又游回沿岸浅水区域捕食，这个时期，雌雄鳜鱼都有钻穴卧洞的行为。依据这个习性，渔民往往用鳜鱼筒、鳜鱼花篮、鳜鱼夹或用踩鳜鱼等方法捕捞它们。此外，渔民还用插"草把"的方法引诱鳜鱼来捕食"草把"上的虾而用三角形抄网来捕获。

2. 网捕鳜鱼

在池塘养殖鳜鱼时，鳜鱼常卧入水底，藏于人们设置的隐蔽物中，春季和初冬也隐蔽于自身"挖洞"的较浅洞穴中。依据鳜鱼在池塘中的栖息习性，主养鳜鱼的池塘若用地拉网捕捞时，应注意拉网第一网后再隔一段时间待池水平静鳜鱼"出窝"后再拉第二网。

第五节　黄颡鱼的高效养殖

黄颡鱼俗称盎公、盎丝、昂刺、嘎鱼、安丁鱼、黄刺鱼、黄腊丁。一般个体为200～300g，其肉质细嫩，少刺无鳞，味道鲜美，营养丰富，深受广大消费者青睐。市场价格一般每千克25元左右，是经济价值较高的鱼类品种。主要分布于全国各水系干支流及湖泊、水库，是一种典型的广食性偏肉食性鱼类（彩图4-7）。

一 黄颡鱼的养殖模式

1. 黄颡鱼高效养殖

就是以黄颡鱼为主要养殖鱼类，一般不再配养其他鱼类，最多配养一些鲢鱼、鳙鱼，高效养殖技术模式亩产值一般可达到近万元左右，亩效益在 4000 元左右。

2. 池塘套养黄颡鱼

就是在常规鱼池、蟹池等套养黄颡鱼，在不影响主养品种产量、基本不增加饲料的基础上，依靠池塘内的天然生物饵料资源增产增收，每亩增养黄颡鱼 10～40kg，亩增效益在 250 元以上。

3. 黄颡鱼套养其他名优水产品

随着养殖技术的提高和养殖模式的不断开发，采用黄颡鱼在主养塘中混养中华鳖、翘嘴红鲌等价值高的品种，则亩纯效益也非常高，收益可达几千元。

4. 网箱养殖

在湖泊、水库、河沟等水体中开展网箱养殖黄颡鱼，既有效地利用了水体，也可获得较高的经济效益。

二 池塘条件

1. 位置

黄颡鱼养殖对池塘条件要求并不太严格，但是要求池塘交通、电力配套、生态环境良好。

2. 水源与水质

养殖池塘水源充足，以无污染的江河、湖泊、水库水最好，水质良好并满足渔业用水标准，无毒副作用，无污染，注排水方便，注排水口安装过滤拦鱼设施，防止黄颡鱼外逃和其他野杂鱼进入。

3. 底质

池底平坦，淤泥厚度 10cm 左右，池埂宽，不渗漏。在排水口端底部挖出比四周低 20～30cm、面积为 50～60m² 的洼坑，以便于成鱼捕捞。

4. 面积

池塘面积以 5～10 亩为宜。

5. 水深

池塘主养黄颡鱼，对池塘的容量是有一定要求的，饲养池的水深应在 1.5 ~ 2.5m 之间。

6. 配套设施

高产高效池塘内要求投饵机、增氧设施等渔业机械配套齐全。黄颡鱼不耐低氧，所以应依照塘口面积大小，配备 1.5 ~ 3kW 的微孔增氧设备，也可配备 1 ~ 2 台 1.5kW 的叶轮式增氧机，以便适时开机增氧，确保不发生缺氧浮头现象。每个塘口配备 1 台投饵机，以便科学投喂，节省人力，提高饲料利用率。

三 放养前准备

1. 池塘清整

新开挖的池塘要平整塘底，清整塘埂，旧塘要清除淤泥、加固池埂和消毒，堵塞池埂漏洞，疏通注排水管，塘口修整后，不要立即注水，让其在阳光下进行不少于 15 天的冻晒（图 4-5）。

2. 清塘消毒

放养前 10 ~ 15 天，用生石灰或漂白粉清塘消毒，常用 100 ~ 150kg/亩的生石灰进行干法清塘，尽量使池底泥土与生石灰混合均匀，彻底杀灭寄生虫、病原体及野杂鱼等敌害生物。经 1 周晾晒后注水 0.8 ~ 1m，注水口应设置 30 目筛绢进行过滤，以防鲶鱼、泥鳅、乌鳢等野杂鱼及鱼卵进入。等到毒性完全消失后，放入鱼种，加满池水。

图 4-5　池塘的底质暴晒

3. 施肥肥水

放苗前 7 ~ 10 天注水 50cm，然后施肥培育生物饵料。首先施复合肥 50kg/亩、碳铵 50kg/亩；然后施经发酵后的畜禽粪便 50 ~ 100kg/亩。

四 鱼种放养

1. 鱼种质量

黄颡鱼鱼种质量要求规格整齐、体质健壮、体色鲜艳、体表光滑、无伤无病。

2. 鱼种规格

大规格商品黄颡鱼深受市场欢迎，因此应投放大规格鱼种进行成鱼饲养，一般投放规格为10cm/尾左右，规格基本一致。

3. 放养时间

黄颡鱼种的放养时间一般在3～4月，这时水温低，鱼体不易受伤。

4. 放养密度

放养密度与塘口条件、环境因素、鱼种规格、饲料品质、管理水平、水源及商品鱼规格有关。放养密度为6000～8000尾/亩，同时搭配在生态和食性上无冲突（50～100g/尾）的白鲢鱼种150尾/亩左右，以充分利用养殖池塘的水体空间。

5. 配养鱼类

在进行黄颡鱼的高效养殖时，可以配养鲢鱼、鳙鱼、团头鲂等，不宜配鲤鱼、鲫鱼等杂食性的底层鱼类。搭配鱼种要在黄颡鱼入池半个月以后再投放。

6. 放养时的注意事项

鱼种入池前需用3%～5%的食盐溶液浸浴消毒5～10min，以杀灭体表的细菌和寄生虫。消毒后将鱼种一次性放入成鱼养殖池。

五 科学投喂

1. 设置投料场

根据黄颡鱼喜欢靠边游动和集群摄食的习性，在投饵机前方用密眼网围成10～15m²的料场1个。围网用竹竿固定，围网下缘入水50～60cm，以防饵料随风飘散。

2. 设置饲料台

如果没有投饵机的池塘，可以设置饲料台。可以在池塘四周设置多个饲料台，饲料台离池边约1～2m，每个饲料台大小约0.5m²，直接将饵料投喂在饲料台上。开始转食时首先将饲料投喂在台上，少量多次，诱导摄食，未吃完的饲料必须清除干净后再投喂新鲜料。饲料台可以是铁皮制成，也可以是木制。

3. 饲料选择

黄颡鱼为杂食性鱼类，可以投喂小鱼、小虾、畜禽加工下脚料等动物性饲料，也可以投喂菜饼、麸皮、豆楂等植物性饲料。

> ➡ **【提示】** 在黄颡鱼成鱼的高效养殖过程中，建议选用黄颡鱼专用配合颗粒饲料，颗粒应根据鱼种规格选择适宜的直径。配合饲料的蛋白质含量要求不低于36%。鱼种入池后，投喂饲料粒径大小以鱼能吃下为准。

4. 投喂量的确定

水温18～23℃时，投喂量为5%～7%；水温24～30℃时，投喂量为7%～10%；水温超过33℃时，投喂量应减少，超过36℃时停止投喂。正常情况下，以黄颡鱼能在1h内吃完为准，如果1h内能够吃完，则次日可酌量增加，如果1h内吃不完，则要酌情减少。

5. 驯饵

野生黄颡鱼喜昼伏夜出摄食，在人工养殖条件下经5～7天驯化，白天完全可以进入饵料区摄食。投放人工养殖的鱼种，入池2天便能迅速集群摄食。

6. 四定投喂

投喂讲究"定时、定点、定质、定量"的"四定"技巧，以确定实际投饵量，适时适量进行调整。

（1）定时 通常投喂次数为2次/天，早晚各投喂1次，分别于9:00和17:00投喂。

（2）定点 可将饲料集中在投料场或饵料台投喂，一方面便于观察鱼的吃食情况，另一方面也可以方便对饲料场进行消毒灭菌工作，还能方便观察鱼的健康状况。

（3）定量 每日投饵量为鱼体重的3%～6%，由于黄颡鱼有夜间摄食的习性，傍晚的投饵量要偏多，通常占全天投饵量的60%～70%。随着鱼种的增长，每周相应调整1次投喂量，投喂总量以吃完不剩余为宜。

（4）定质 黄颡鱼幼鱼喜欢活、腥、软的饲料，随着个体增大可以逐渐摄食颗粒饲料，配合饲料的蛋白质含量要求不低于 36%，饲料粒径大小以鱼能吃下为准。

同时，应注意根据鱼的活动和摄食情况、水温、天气等情况及时调整投喂量。水温高、水质好时，多投喂；闷热天、阴雨天，少投喂或停止投喂。

六　水质调控

1. 水位调控

在池塘高效养殖黄颡鱼时，对水位的控制是有讲究的，刚入池时，水位宜在 80cm 左右，以后慢慢加水，直到进入 6 月后，气温升高，此时宜加深水位至 1.5～2m。

2. 及时加注新水

向成鱼养殖池中加注新水，可增加水体溶氧，保持优良水质，促进黄颡鱼的健康快速生长。通常 5～7 天注水 1 次，每次加水 15cm 左右，透明度控制在 30～40cm。

3. 科学使用微孔增氧设备

黄颡鱼属底栖鱼类，高温季节如果大量投饵，易造成水质变坏和黄颡鱼缺氧。因此，要科学使用好微孔增氧设备，在晴好天气情况下，每天中午开机 3h 左右；对于高产高效的池塘，2:00～3:00 也需开机增氧 3h 左右；如遇闷热、阴雨天时，要适时增加开机增氧时间。

4. 生物措施调节

采用生物措施调节水质的方法主要有 3 种。①每 15 天使用 1 次光合细菌或芽孢杆菌等微生物制剂，能够有效改善养殖水体环境，降低有毒有害物质含量，达到调控水质的目的。②根据市场需求，采取捕大留小的方法，将达到规格的鱼起捕上市销售，减少存塘鱼数量，有利于水质调控。③套养白鲢鱼种 150 尾/亩左右，以净化水质，为黄颡鱼创造适宜的生长环境。

七　鱼病防治

在养殖黄颡鱼常见疾病的控制中，要坚持"以防为主，防重于治"的方针，切实做好预防措施。

1）彻底清塘，严格消毒，从黄颡鱼的生活环境上进行疾病的防控。

2）在苗种放养时，要用食盐溶液等药物浸浴消毒，从源头上堵住疾病的发生概率。

3）放养体质健壮、无病害的苗种，从鱼的自身素质上抓好疾病的防控。

4）投喂新鲜、优质的饲料，坚持"四定"投喂方法，不施用未经过发酵的粪肥，解决"病从口入"的危险。

5）加强水质管理，定期注换水，从管理措施上进行防控。

6）定期泼洒药物消毒水体，坚持对活饵、饲料台、食场进行消毒，针对黄颡鱼容易生病的各个环节进行防控。

7）定期在饲料中加入中草药、光合细菌、免疫多糖、复合维生素等药物，制成药饵投喂，可增强黄颡鱼体质，提高肌体抗病力，减少疾病的发生。

8）一旦发现鱼病，及时诊治，不能拖延（图4-6、彩图4-8）。

图4-6　黄颡鱼的疾病

⚠ 【注意】黄颡鱼为无鳞鱼，对硫酸铜、高锰酸钾、敌百虫等药物比较敏感，在使用剂量和使用时间上尤其要慎用。

八　捕捞

根据市场行情和鱼体生长情况，可适时起捕上市，尽可能发挥最佳经济效益。通常黄颡鱼的起捕时间为每年的12月。由于黄颡鱼为底栖性鱼类，不太适合网捕，需干塘捕捞。先将水抽干，让黄颡鱼集中在洼坑内起捕，对于过小的黄颡鱼可另池囤养，用作第二年的大规格鱼种。

第六节　罗非鱼的高效养殖

罗非鱼为一种中小形鱼，现在它是世界水产业的重点科研培养的淡水养殖鱼类，且被誉为未来动物性蛋白质的主要来源之一。罗非鱼存活在湖泊、江河、池塘中，它有很强的适应能力，对溶氧较少的水体有极强的适应性（图4-7）。

图4-7　罗非鱼

一　池塘条件

池塘要选择在避风向阳、水源充足、水质清新、水质良好无污染、安静且交通便利的地方，池塘面积3～5亩，水深为1.5m以上，池塘底泥厚度为20～30cm。每口池塘配备1台1.5kW的叶轮式增氧机。

二　清塘施肥

在鱼种放养前，利用冬闲时节清塘消毒，每亩用生石灰75～100kg清塘，7天后加水至1m深，然后每亩施腐熟的粪肥300～400kg，可放入少量的绿萍或红萍。

三　罗非鱼的放养

每年春季当水温回升，稳定在15℃以上时（约在5月中旬），开始放养冬片鱼种。一般每亩放养鱼种1500～3000尾，同时混养鲢、鳙鱼种各40～70尾，以控制水质。

四　饵料投喂

罗非鱼进入养殖水面后2～3天便可开始投喂。饲料中蛋白质含量开始应为32%～35%，每天投饲量为鱼体总重量的3%～5%。1个月后投饲量可调至鱼体总重的2%，并保证饲料中蛋白质含量在27%～29%。每天投喂2次，时间分别在8:00～9:00和15:00～16:00。

如果没有配合饲料，可以自制饲料，这里介绍两个罗非鱼饲料配方。①米糠 45%、豆饼 35%、蚕蛹粉 10%、次粉 8%、骨粉 1.5%、食盐 0.5%。②豆饼 35%、麸皮 30%、鱼粉 15%、大麦面 8.5%、玉米面 5%、槐树叶粉 5%、骨粉 1%、食盐 0.5%。

五 越冬管理

罗非鱼是热带鱼类，不耐低温，生活和生长的水温范围为 15 ~ 38℃，最适温度为 28 ~ 32℃，当水温下降至 12℃ 以下停止摄食，9℃ 以下就会逐渐死亡。在正常的情况下，罗非鱼在水温降到 15℃ 时都需采取越冬措施，确保罗非鱼顺利越冬。罗非鱼的越冬方式很多，根据各地气候和越冬条件的差异，主要有盖薄膜大棚越冬、温泉水越冬、深水井、锅炉加温等方式。罗非鱼越冬的关键是要掌握越冬入池的时间、鱼池消毒、放养密度、水质和水温的调节、饲养管理、病害防治等技术。

越冬鱼进池的时间，应掌握在水温降至 20 ~ 22℃ 时为宜。具体进池时间随各地气候不同而异。但必须在水温 20℃ 以上时进越冬池，要赶在第一次寒流之前结束，水温低于 16℃，则起捕的鱼就不能作为越冬留种，因为鱼体已冻伤，进池后就会产生水霉而陆续死亡。

> ⚠ 【注意】 捕捞越冬鱼要选择风和日暖的晴朗天气，以免鱼体冻伤。

越冬鱼进池的密度要根据越冬池环境条件、鱼体大小和管理水平而定。温流水池水质清瘦，溶氧充足，一般每立方米水体可放亲鱼 12 ~ 20kg，或放鱼种 8 ~ 12.5kg；静水增氧池一般每立方米水体可放亲鱼 5 ~ 7.5kg，或鱼种 3.5 ~ 5kg；能定期换水的静水池，每立方米水体可放亲鱼 2.5 ~ 4kg 或鱼种 2 ~ 3kg。

六 日常管理

1）每天早、中、晚测量水温和气温，每周测 1 次 pH，测 2 次透明度。清晨、夜晚各巡塘 1 次。

2）鱼种下塘后，要保持池水呈茶褐色，透明度为 25 ~ 30cm。

一般每周施肥 1 次，每次每亩施畜粪肥 150 ~ 200kg。在天气晴朗、水体透明度大于 30cm 时可适当增加施肥量。水质过肥时，应减少或停止施肥，并注入新水。在高温季节，一般每周换水 1 ~ 2 次，每次换去池水的 20% ~ 30%。

3）坚持健康养殖，按规程操作，预防鱼病。每隔 10 ~ 15 天，每亩用 15 ~ 20kg 的生石灰化水全池泼洒，调节池水 pH 呈微碱性，用生物制剂改善池塘微生物结构，改良水质。当溶氧低、鱼有轻度浮头时开增氧机。

第七节　沙塘鳢的高效养殖

沙塘鳢，俗称"虎头鲨"，栖息于湖沼、河溪的底层及泥沙、碎石、水草、杂草相混杂的岸边浅水处，主要摄食虾类、小鱼和底栖动物，生活在淡水的种类也摄食水生昆虫。沙塘鳢个体虽小，但其含肉量高，肉质细嫩可口，为长江中、下游及南方诸省群众所喜爱，特别是经熏烤后烹食，别具风味，列为上品，特别是在上海世博会期间被列为招待外宾首选，被称为世博第一菜（彩图 4-9）。

一　池塘条件

宜选择水源充足、水质清新无污染的池塘。池塘面积 5 ~ 8 亩，水深 1.5 ~ 2m，常年保持水位 0.8 ~ 1.2m，池塘护坡完整，坡比 1:2.5，南北朝向，最好长方形，池底平坦不渗漏，土质为沙壤土，淤泥较少，注排水系统完善，能进能排，排灌分开，并配备微孔管道增氧设施一套。

二　清塘

在鱼种放养前，要彻底清塘消毒。抽干池水，拔除池边和池底的杂草，清除过多淤泥，使淤泥保持 10 ~ 15cm 左右，巩固堤埂，暴晒池底，使底泥中的有机物充分氧化还原，以清除有害病原生物。放种苗前 10 天每亩用生石灰 100 ~ 150kg 或漂白粉 25kg 兑水化浆后全池泼洒，以彻底消毒、除野、灭病原菌和敌害生物，并暴晒 15 ~ 20 天，使底泥中的有机物充分氧化还原，达到清除有害病原菌的目的。

三 设置隐蔽物

沙塘鳢喜欢生活于池塘的底层，游泳能力较弱。因此，营造生态环境很重要，清塘消毒1周后用60目筛网过滤注水20~30cm，设置一定数量的隐蔽物供沙塘鳢栖息，主要有破网片、枯树枝、废旧轮胎、大口径竹筒、瓦片物或灰色塑料管等。入池前用10mg/L的漂白粉溶液消毒，隐蔽物的面积以占总水面的5%为宜。同时可以采用水泵进行循环抽水，人为造成养殖池塘水循环，增加池塘底部氧气（彩图4-10）。

四 施肥

鱼苗下塘前4~5天施肥培肥水质，亩用经发酵消毒的有机肥100kg或生物有机肥100kg，半月后亩追施氮、磷肥50kg（视水质情况而定），6月上旬注水30~60cm，用40目的筛绢过滤，以防敌害生物进入池中。

五 苗种放养

1. 沙塘鳢放养

目前在生产上，沙塘鳢的投放可以分为两种情况，各地可视具体情况而定，一种是直接放养沙塘鳢苗种，要求无病无伤、体质健壮、规格整齐、活力强，每亩放平均体长3cm的鱼苗800尾或4cm的鱼苗500尾，要求苗种离水时间不能过长，严禁使用药捕或笼捕的沙塘鳢，放养时间在6月下旬。另一种方式就是放养沙塘鳢亲鱼，让它们自行繁殖来扩大种群，方法是在围栏内的水草保护区，每亩投放体型匀称、体质健壮、鳞片完整、无病无伤的沙塘鳢亲本10组（雌雄比为1:3），雄性亲本规格在80g/尾，雌性亲本规格在70g/尾。同时在水草保护区内放置两条两端开口的地笼，作为人工鱼巢，有利于沙塘鳢受精卵附着孵化，待4月底繁育期结束后取出地笼。

2. 青虾的放养

有条件还可以在池塘中适量放养一些青虾，在鱼苗放养之前15~20天投放抱卵虾，使其恰好在放养沙塘鳢苗时有幼虾供其摄食，另外还可以增加池塘养殖效益。

3. 其他配养鱼的放养

3 月中旬，每亩可放养规格为 200g/尾的鲢鱼 50 尾、100g/尾的鳙鱼 10 尾调节水质。也可亩放养草鱼夏花 2000 ~ 2500 尾，鲢鱼夏花 500 ~ 1000 尾，鳙鱼夏花 300 ~ 500 尾。

4. 放养时的注意事项

鱼种放养时必须先进行消毒，可用 30g/L 的食盐溶液浸浴 5min 或 15 ~ 20mg/L 的高锰酸钾浸浴 15 ~ 20min，浸浴时间应视鱼的忍耐程度灵活掌握。投放时要小心地从池边不离水面放鱼入池，对于活力弱、死伤残的鱼种应及时捞起。

六　饵料投喂

沙塘鳢主要摄食虾和小型底层鱼类，兼食水生昆虫幼虫和螺等底栖动物，鱼苗阶段（体长 3cm 以下）以投喂水蚤、丰年虫、水蚯蚓为主。

前期采取施肥的方法，培育水体中的轮虫、枝角类、桡足类等浮游动物，为沙塘鳢夏花和虾苗种提供适口饵料。沙塘鳢摄食需先进行驯化，在池塘四周浅水区设置的饲料台上投放小鱼、小虾和水蚯蚓等，吸引沙塘鳢集中取食，然后逐渐将鱼糜和颗粒饲料掺在一起投喂，驯食开始几天，每天定时、定点投喂 6 次左右，以后每天逐渐减少投喂次数，最后减至每天 2 次，经过 10 ~ 15 天驯食即可正常投喂。饲料投喂要适量，以鱼吃饱为准，防止剩余饲料污染水质。

中期饵料以沙塘鳢喜食的小杂鱼和颗粒饲料为主，并适当搭配南瓜、蚕豆、小麦和玉米等青饲料，以满足沙塘鳢生长各阶段的摄食需求，有条件时，投喂河荡里捕捉的小鱼虾。投喂时间在 9:00 和 16:00，投喂方式为沿池边浅滩定点投喂，投喂量以存塘沙塘鳢体重的 3% ~ 6% 计算，并视天气、沙塘鳢和虾活动情况灵活掌握。另外投放的抱卵青虾使其自繁，也可以不断地为沙塘鳢的生长提供适口饵料。

饲养后期用配合饲料投喂，蛋白质含量 28% ~ 32%，每天投喂 2 次，一般在 10:00 和 17:00 左右，上午投喂量占 30%，下午占 70%，以 2h 吃完为宜，投喂饵料遵循"四定"和"四看"原则，并在池中设置食台，日投喂饲量要根据水温、天气变化、生长情况和鱼的摄食情况及时调整投饵量。

七 水质调控

在池塘里养殖沙塘鳢时，要求养殖过程中池水透明度控制在35~40cm左右，池水不要过肥，溶解氧在5mg/L以上，pH为7.5左右。

首先是通过定期换注水来调控水质。苗种放养初期，水深控制在0.4~0.5m；随着气温的不断升高，不断地换注水，并调高水位，一般7~10天注水一次，每次10~20cm，到5~7月时，保证水深0.5~1m，8~10月的高温期池塘水位保持在1.2m左右，并搭棚遮阳或加大池水深度，做好防暑降温工作。

其次就是用生物制剂来调控水质。为维持池塘良好水质，5~9月每月每亩用一次底质改良剂2kg或亩用EM菌源露500mL，兑水全池泼洒，并交替使用，这是通过用一些微生物制剂来调节水体藻相，用量、时间视水质情况可做适当调整。泼洒时及时开启微孔管道增氧设施，使池水保持"肥、活、嫩、爽"。

八 病虫害防治

病虫害防治工作采取"防、控、消、保"措施。

1）"防"。坚持以防为主，把健康养殖技术措施落实到每个生产环节。重点把握清塘要彻底，定期加水、换水，定期消毒，定期应用微生物制剂，开启微孔管增氧，使池水经常保持肥沃嫩爽，营造良好的鱼、虾生态环境。5月上旬亩用纤虫净200g泼洒消毒1次，同时内服2%的中草药和1%的痢菌净制成的药饵，连喂3~5天。

2）"控"。梅雨期结束后，是纤毛虫等寄生虫的繁殖高峰，要采取必要的防治措施，每月用纤虫净泼洒杀虫一次（150~200g/亩），亩用1%的碘药剂200mL兑水泼洒全池，泼洒时要注意池塘增氧，并内服2%的中草药和1%的硫酸新霉素制成的药饵，连喂5~7天。

3）"消"。就是在养殖过程中，定期用生石灰、漂白粉、强氯精或其他消毒剂对水体进行消毒，以杀灭水体中病原体，同时定期测定pH、溶氧量、氨氮、亚硝酸盐等，一旦发现水质异常，立即采取措施防止带来不必要的损失。

4）"保"。水体消毒用药按药物的休药期规定执行，保证鱼、虾健康上市。

九 适时上市

沙塘鳢为低温鱼类，在冬季仍能保持正常生长，因此考虑到延长养殖时间，增大商品规格，提高产量及品质，可等到春节后捕捞上市。捕捞方法是可用抄网或网兜在水草下抄截，再用捕拖网在水底拖，最后干塘捕捉。挑选性腺发育成熟、体表正常、无鳞片脱落的沙塘鳢作为亲体，为来年保种，其余可暂养，适时销售。

第八节 龙虾的高效养殖

龙虾学名叫克氏原螯虾，又称小龙虾，具有虾的明显特征，整个身体由20节组成，分为头胸部和腹部，其外形又酷似海中龙虾，故称为龙虾，又因为它的个体比海水龙虾小而称为小龙虾，同时为了和海水龙虾相区别，加上它是生活在淡水中的，因而在生产和应用上常被称为龙虾，也是目前世界上分布最广、养殖产量最高的优良淡水螯虾品种。龙虾现在已经成为我国新兴的水产主养品种之一，发展淡水龙虾的人工养殖，既能丰富人民的菜篮子，又能出口创汇，实为养殖生产者实现快速增收致富的一条好门路（彩图4-11）。

一 池塘条件

1. 注排水系统

饲养龙虾的池塘要求注排水方便，对于大面积连片虾池的注、排水总渠应分开，按照高灌低排的格局，建好注、排水渠，做到灌得进，排得出，定期对注、排水总渠进行整修消毒。池塘的注、排水口应用双层密网防逃，同时也能有效地防止蛙卵、野杂鱼卵及幼体进入池塘危害蜕壳虾。为了防止夏天雨水冲毁堤埂，可以开设一个溢水口，溢水口也用双层密网过滤，防止幼虾乘机顶水逃走（彩图4-12）。

2. 虾池选择

池塘的水质条件良好是高产高效的保证，饲养龙虾的池塘要求水源充足，水质良好，符合养殖用水标准，池底平坦，底质以砂石或硬质土底为好，无渗漏，池坡土质较硬，底部淤泥层不超过10cm，池塘保水性好，严防工业污染和农药污染。池埂顶宽2.5m以上，池壁坡度1:3，池塘水面不宜过大，以5~8亩为宜，长方形，水深1~1.5m。池底应有不少于1/5面积的沉水植物或挺水植物区（图4-8）。

图4-8　龙虾池

3. 虾池改造

对于面积8亩以下的龙虾池，应改平底型为环沟型或井字型，池塘中间要多做几条塘中埂。对于面积8亩以上的龙虾池，应改平底型为交错沟型。加大池埂坡比，池埂坡比以1:（2.5~3）为宜。这些池塘改造工作应结合年底清塘清淤一起进行。

二　池塘的处理

在生产实践中，由于龙虾是底栖爬行动物，决定池塘养殖产量的最主要因子并不是池塘水体的容积，而是池塘的水平面积和池塘堤岸的曲折率。简单地说就是在相同面积的池塘，水体中水平面积越大，堤岸的边长越多，可供龙虾打洞或栖息的场所越多，则可放养虾的数量越多，产量也就越高。因此，有条件的地方可在放虾前对池塘做简易的处理，可大大提高池塘的载虾量，获得更高的经济效益。

根据相关资料表明，有些地方是采取这样的措施来提高水体的水平面积的，在此特别借鉴一下，以供虾农朋友引用。在靠近池塘四周1~2m处用网片或竹席平行搭设2~3层平台，第一层设在水面下20cm处，长200~300cm、宽30~50cm，第二层设在第一层的下方，两层之间的距离为20~30cm，每层平台均有斜坡通向池底，平行的两个平台之间要留100~200cm的间隙，供龙虾到浅水区活动。同时在池塘中间设置一定数量的垂直网片。我们认为这种方法是可行的，也是非常有效的。

还有一种方法就是在池塘中多筑几条塘间埂，埂与埂间的位置交错开，埂宽30cm，只要略微露出水面即可。池塘中要有足够的隐蔽物，可以设置竹筒、瓦片、网片、砖块、石块、竹排、塑料筒、人工洞穴等隐蔽物体供其栖息穴居，一般每亩要设置3000个以上的人工巢穴。在实践中发现采用这种方法的养殖户产量都比较高。

三 池塘清整、消毒

新开挖的池塘要平整塘底，清整塘埂，使池底和池壁有良好的保水性能，尽可能减少池水的渗漏，旧塘要及时清除淤泥、晒塘和消毒，可有效杀灭池中的敌害生物如鲶鱼、泥鳅、乌鳢、蛇、鼠等，争食的野杂鱼类及一些致病菌。

清塘方法可采用常规池塘养鱼的通用方法，也就是生石灰清塘和漂白粉清塘，生石灰清塘又可分为带水清塘和干法清塘。具体的清塘方法请参考第二章第二节。

四 种植水草

"虾多少，看水草"，在水草多的池塘养殖龙虾的成活率就非常高。水草是龙虾隐蔽、栖息、蜕皮生长的理想场所，水草也能净化水质，降低水体的肥度，对提高水体透明度，促使水环境清新有重要作用。同时，在养殖过程中，有可能发生投喂饲料不足的情况，水草也可以作为龙虾的饲料。

> ➡ 【提示】 在实际养殖中，我们发现种植水草能有效提高龙虾的成活率、养殖产量和产出优质商品虾。

龙虾喜欢的水草种类有苦草、眼子菜、轮叶黑藻、金鱼藻、凤眼莲、水葫芦和水花生等及陆生的草类，水草的种植可根据不同情况而有一定差异。①沿池四周浅水处种植10% ~ 20% 面积的水草，即可供龙虾摄食，同时为虾提供了隐蔽、栖息的理想场所，也是龙虾蜕壳的良好地方。②在池塘中央可提前栽培伊乐藻或菹草。③移植水花生或凤眼莲到水中央。④临时放草把，方法是把水草扎成团，大小为1m² 左右，用绳子和石块固定在水底或浮在水面，每亩可放25处左右，每处8kg水草，用绳子系住，绳子另一端漂浮于水面或固定于水面。也可用草框把水花生、空心菜、水葫芦等固定在水中央。但所有的水草总面积要控制好，一般在池塘种植水草的面积以不超过池塘总面积的1/3为宜，否则会因水草种植面积过多，长得过度茂盛，在夜间使池水缺氧而影响龙虾的正常生长（彩图4-13）。

五　进水和施肥

水源要求水质清新，溶氧充足，无有机物及工业重金属污染。放苗前7~15天，加注新水50cm。向池中注入新水时，要用40~80目的纱布过滤，防止野杂鱼及鱼卵随水流进入饲养池中。池中进水50cm后，施用发酵好的有机粪肥、草肥，如果施发酵过的鸡、猪粪及青草绿肥等有机肥，施用量为每亩350kg左右，另加尿素0.5kg，使池水pH在7.5~8.5，透明度30~40cm，培育轮虫和枝角类、桡足类等浮游生物饵料，为幼虾入池后提供天然饵料。对于一些养殖老塘，由于塘底较肥，每亩可施过磷酸钙2~2.5kg，兑水全池泼洒。

六　投放螺蛳

螺蛳是龙虾很重要的动物性饵料，在放养前必须放好螺蛳，每亩放养在200~300kg，以后根据需要逐步添加。投放螺蛳一方面可以净化底质，另一方面可以补充动物性饵料，此外，螺蛳肉被吃完后留下的壳可以为水体提供一定量的钙质，能促进龙虾的蜕壳，所以池塘中投放螺蛳的这几点用处至关重要，千万不能忽视。

> ⚠ 【注意】　投放螺蛳时要注意以下几点。①投放时间以每年的清明节前为好，若时间太早，没有这么多的螺蛳供应，若时间太迟，运输成活率低。②在池塘投放时，最好用小船或木海将螺蛳均匀撒在池塘各个角落，一定要注意不能图省事，将一袋螺蛳全部堆放在池塘的一个角落或一个点，这样大量沉在底部的螺蛳会因缺氧而死亡，反而对池塘的水质造成污染。③螺蛳入池后的10天内不要施化肥来培肥水质。

七　做好防逃设施

龙虾逃逸能力比较强，防逃设施也不可少，尤其是虾种刚入池的第一个晚上和雨天，如果没有防逃设施，可以在一天内逃走80%左右。比如在2007年7月24日的试验中，研究人员在1亩的小池塘里放养21kg龙虾，没有安装防逃设施，在小塘四周用8条又长又大的地笼捕捉，每条地笼有24个小格门，第二天早晨倒出地笼里的龙虾并称重，发现8笼共回捕17.3kg龙虾，占所投放龙虾的82.3%。因此建议在龙虾放养前一定要做好防逃设施。

防逃设施有多种，常用的有两种，一种是安插高45cm的硬质钙塑板作为防逃板，埋入田埂泥土中约15cm，每隔100cm处用1个木桩固定。注意四角应做成弧形，防止龙虾沿夹角攀爬外逃。第二种防逃设施是采用麻布网片或尼龙网片或有机纱窗和硬质塑料薄膜共同防逃，用高50cm的有机纱窗围在池埂四周，用质量好的直径为4~5mm的聚乙烯绳作为上纲，缝在网布的上缘，缝制时钢绳必须拉紧，针线从钢绳中穿过。然后选取长度为1.5~1.8m的木桩或毛竹，削掉毛刺，打入泥土中的一端削成锥形，或锯成斜口，沿池埂将桩打入土中50~60cm，桩间距3m左右，并使桩与桩之间呈直线排列，池塘拐角处呈圆弧形。将网的上纲固定在木桩上，使网高保持不低于40cm，然后在网上部距顶端10cm处再缝上一条宽25cm的硬质塑料薄膜即可，针距以小虾逃不出为准，针线拉紧（彩图4-14）。

八　虾种放养

石灰水消毒，待7~10天水质正常后即可放苗，具体的放养时间应根据不同的养殖模式而有一定的区别。

1. 虾种质量

1）体表光洁亮丽、肢体完整健全、无伤无病、体质健壮、生命力强。

2）规格整齐，稚虾规格在1cm以上，虾种规格在3cm左右。同一池塘放养的虾苗虾种规格要一致，一次放足。

3）虾苗虾种都是人工培育的。如果是野生虾种，应经过一段时间驯养后再放养，以免相互争斗残杀（彩图4-15）。

2. 放养密度

龙虾具体的放养密度还要取决于池塘的环境条件、饵料来源、虾种来源和规格、水源条件、饲养管理技术等。总之，要根据当地实际，因地制宜，灵活机动地投放虾种。根据经验，如果是自己培育的幼虾，则要求放养规格在2~3cm，每亩放养14000~15000尾。

虾池内幼虾的放养量可用下式进行简单计算：

幼虾放养量（尾）= 虾池面积（亩）× 计划亩产量（kg/亩）× 预计出池规格（尾/kg）/预计成活率（%）

式中，计划亩产量，是根据往年已达到的亩产量，结合当年养殖条件和采取的措施，预计可达到的亩产量，一般为200kg；预计成活率，一般可取40%计算；预计出池规格，根据市场要求，一般为30~40尾/kg；计算出来的数据可取整数放养。

⚠️ **【注意】**①冬季放养择晴天上午进行，夏季和秋季放养择晴天早晨或阴雨天进行，避免阳光暴晒。②虾种放养前用3%~5%食盐溶液浴洗10min，杀灭寄生虫和致病菌。③从外地购进的虾种，因离水时间较长，放养前应略作处理。将虾种在池水内浸泡1min，提起搁置2~3min，再浸泡1min，如此反复2~3次，让虾种体表和鳃腔吸足水分后再放养，以提高成活率。④饲养龙虾的池塘，适当混养一些鲢鱼、鳙鱼等中上层滤食性鱼类，以改善水质，充分利用饵料资源，而且可以作为塘内缺氧的指示鱼类。

3. 放养模式

龙虾的池塘养殖模式有池塘单养和池塘混养或套养两类，建议采取池塘混养或套养。如果是单养时，即只在池塘中养殖龙虾，不放养鱼类或为调节水质放养极少量的白鲢，最好是采用秋季放养的模式，采用春季放养或夏季放养模式次之。

（1）秋季放养模式 以放养当年培育的大规格虾苗或亲虾为主，放养时间为8月上旬~9月中旬。虾苗规格1.2cm左右，每亩放养3万尾左右；亲虾规格8cm左右，每亩放养20~25kg，雌雄比例3:1或5:2。第二年3月可用地笼等网具及时将繁殖过的亲虾捕起上市，获得好价格。第二年4月即可陆续起捕其他的虾上市，商品虾的体重可达 35 ~ 50g/尾。

（2）夏季放养模式 以放养当年孵化的第一批稚虾为主，放养时间在 6 月中旬，稚虾规格为 0.8 ~ 1cm。每亩放养 2 万尾，要投足饵料，当年 7 月下旬 ~ 8 月上旬即可上市，商品虾的体重可达 20g/尾。

（3）春季放养模式 以放养当年不符合上市规格虾为主，每年的 3 ~ 4 月左右开始放养。规格为每千克 100 ~ 200 尾，每亩放养 1.5 万尾。投放幼虾后还要适时追施发酵过的有机粪肥，培养天然饵料生物。初期水深保持在 30 ~ 60cm，后期因气温较高，应加高水位，通过调节水深来控制水温。经过快速养殖，到 5 月中下旬即可陆续起捕上市，商品虾的体重可达 30g/尾。

九 合理投饵

龙虾食性杂，且比较贪食，喜食小杂鱼、螺蛳、黄豆，也食配合饲料、豆饼、花生饼、剁碎的空心菜及低值贝类等，这些饲料来源广、价格低、易解决。因此我们除"种草、投螺"外，还需要投喂饲料，饲料投喂应把握好以下几点。

1. 饵料种类

一是植物性饵料，有米糠、麦麸、黄豆、豆饼、小麦、玉米及嫩的青绿饲料，如南瓜、山芋、瓜皮等，需煮熟后投喂；二是动物性饵料，有小杂鱼、轧碎的螺蛳、河蚌肉等；三是配合饲料，在饲料中必须添加蜕壳素、多种维生素、免疫多糖等，满足龙虾的蜕壳需要。

2. 投喂量

虾苗刚下塘时，日投饵量每亩为 0.5kg。日投饵次数，暂养的小虾为 3 ~ 4 次，投饲量为存池虾体重的 15% 左右。池塘养殖的虾，早晚各投 1 次，投饲量约占体重的 4% ~ 7%，随着龙虾的生长，要不断增加投喂量，具体的投喂量除了与天气、水温、水质等有关外，还要自己在生产实践中把握，这里介绍一种叫试差法的投喂方法。由于龙虾是捕大留小的，虾农不可能准确掌握虾的存塘量，因此按生长量来计算投喂量是不准确的，我们在生产上建议虾农采用试差法来掌握投喂量。在第二天喂食前先查一下前一天所喂的饵料情况，如果没有剩下，说明基本上够吃了，如果剩下不少，说明投喂得过多，一定要将饵量减下来，如果看到饵料已经没有，且饵料投喂点旁边有龙虾爬动的痕迹，说明上次投饵偏少，需要加一点，如此3天就可以确定投饵量了。在没捕捞的情况下，隔3天增加10%的投饵量，如果捕大留小，则要适当减少10%～20%的投饵量。

3. 投喂方法

一般每天两次，分上午、傍晚投放，投喂以傍晚为主，投喂量要占到全天投喂量的60%～70%，饲料投喂要采取"四定"和"四看"的方法。投喂时品种应经常变换，以诱龙虾摄食。

由于龙虾喜欢在浅水处觅食，因此在投喂时，应在岸边和浅水处多点均匀投喂，也可以在池四周增设饵料台，以便观察虾的吃食情况。

4. "四看"投饵

（1）**看季节** 5月中旬前动、植物性饵料比为60:40；5～8月中旬为45:55；8月下旬～10月中旬为65:35。

（2）**看实际情况** 连续阴雨天气或水质过浓，可以少投喂，天气晴好时适当多投喂；大批虾蜕壳时少投喂，蜕壳后多投喂；虾发病季节少投喂，生长正常时多投喂。既要让虾吃饱吃好，又要减少浪费，提高饲料利用率。

（3）**看水色** 透明度大于50cm时可多投，少于20cm时应少投，并及时换水。

（4）**看摄食活动** 发现过夜剩余饵料应减少投饵量。

5. "四定"投饵

（1）**定时** 每天两次，最好定到准确时间，调整时间宜15天甚至更长时间才能进行。

（2）**定位** 沿池边浅水区定点"一"字形摊放，每间隔20cm设一投饵点。

（3）**定质** 青、粗、精结合，确保新鲜适口，建议投配合饵料、全价颗粒饵料，严禁投腐败变质饵料，其中动物性饵料占40%，粗料占25%，青料占35%。动物下脚料最好是煮熟后投喂，在池中水草不足的情况下，一定要添加陆生草类的投喂，夏季要捞掉吃不完的草，以免腐烂影响水质。

（4）定量 日投饵量的确定按本节中的叙述。

十 水质管理

1. 冲水换水

虽然龙虾对水质要求不高，无须经常换水，但试验发现，要取得高产，同时保证商品虾的优质，必须经常冲水和换水。流水可刺激龙虾蜕壳，加快生长；换水可减少水中悬浮物，使水质清新，保持丰富的溶氧。在这种条件下生长的龙虾个体饱满，背甲光泽度强，腹部无污物，因而价格较高。所以冲水和换水是养殖龙虾取得高产的必备条件。

2. 水质调控

强化水质管理，要求保持"肥、活、嫩、爽"。前期以肥水为主，透明度为25cm，中后期通过加水和换水，以间隔15天为一次，每次换水1/3，透明度为30～40cm。高温季节有条件要经常适当换水，换水时间掌握在13:00～15:00或下半夜这两个时间内比较适宜。可以使池水保持恒定的温度，也可以增加水中溶氧。气压低时最好开动增氧机增氧，有条件的地方应提供微流水养殖。5月中旬～9月中旬使用微生物制剂，根据水质具体情况，适时投放定量的光合细菌浓缩菌液，每月1次，以调节水质，利用晴天中午开动增氧机1～2h，增加池中溶氧，消除水体中的氨氮等有害物。定期使用生石灰，中后期间隔15～20天，每亩1m水深用量为5～7.5kg，保持虾池溶氧量在5g/L以上，池水pH为7.5～8.5。保持水位稳定，不能忽高忽低。

3. 底质调控

适量投饵，减少剩余残饵沉底；定期使用底质改良剂（如投放过氧化钙、沸石等，并投放光合细菌和活菌制剂）；晴天采用机械池内搅动底质，每两周1次，促进池泥有机物氧化分解。

十一 敌害和病害防治

对病害防治，在整个养殖过程中，始终坚持预防为主、治疗为辅的原则。预防方法主要有干塘清淤和消毒、种植水草和移植螺蚬、苗种检疫和消毒、调控水质和改善底质。

敌害主要有老鼠、青蛙、蟾蜍、水蜈蚣、蛇及水鸟等，平时及时做好灭鼠工作，春夏季需经常清除池内蛙卵、蝌蚪等。研究人员在全椒县的赤镇发现，水鸟和麻雀都喜欢啄食刚蜕壳后的软壳虾，因此一定要注意及时驱除。

龙虾的疾病目前发现很少，但也不能掉以轻心，目前发现的主要是纤毛虫的寄生。因此要抓好定期预防消毒工作，在放苗前，池塘要进行严格的消毒处理，放养虾种时用 5% 的食盐溶液浴洗 5min，严防病原体带入池内，采用生态防治方法，严格落实"以防为主、防重于治"的原则。每隔 15 天用生石灰 10～15kg/亩溶水全池泼洒，不但起到防病治病的目的，还有利于龙虾的蜕壳。在夏季高温季节，每隔 15 天，在饵料中添加多维素、钙片等药物以增强龙虾的免疫力。

十二　其他管理

1. 建立巡池检查制度

勤做巡池工作，发现异常及时采取对策，早晨主要检查有无残饵，以便调整当天的投饵量，中午测定水温、pH 及氨氮、亚硝酸氮等有害物的含量，观察池水变化，傍晚或夜间主要是观察了解龙虾活动及吃食情况，发现池四角及水葫芦等水草上有很多虾往上爬等异常现象，多数是因缺氧引起的，要及时充氧或换水。经常检查维修加固防逃设施，台风暴雨时应特别注意做好防逃工作。

2. 加强蜕壳虾管理

通过投饲、换水等措施，促进龙虾群体集中蜕壳。蜕壳后及时添加优质饲料，严防因饲料不足而引发龙虾之间的相互残杀。

3. 补施追肥

饲养期间，要视池水透明度适时补施追肥，一般每 15 天补施追肥 1 次，追肥以发酵过的有机粪肥为主，施肥量为每亩 15～20kg。

4. 加强栖息蜕壳场所管理

虾池中始终保持有较多水生植物。大批虾蜕壳时严禁干扰，蜕壳后立即增喂优质适口饲料，防止其相互残杀，促进生长。

5. 水草的管理

根据水草的长势，及时在浮植区内泼洒速效肥料。肥液含量不宜过大，以免造成肥害。如果水花生高达 25～30cm 时，就要及时收割，收割时须留茬 5cm 左右。其他的水生植物，亦要保持合适的面积与密度。

6. 其他

汛期加强检查，防止池埂被水冲毁而发生逃虾事件。水草中若有龙虾残体出现，说明有水老鼠、青蛙、蛇等敌害存在，应采取防敌害措施。要防止农药对龙虾的毒害，若利用农田的水灌池时，在农田施药期间应严禁田水流入养虾池中。严防逃虾、防偷、防池水被外来物质污染和缺氧、防漏水及记载饲养管理日志等工作，亦须认真做好。

十三 捕捞

由于龙虾喜欢生长在杂草丛中，加上池底不可能非常平坦，龙虾又具有打洞的习性，因此，根据龙虾的生物学特性，可采用以下几种捕捞方法。

1. 捕捞时间

龙虾生长速度较快，经 1～2 个月的人工饲养，成虾规格达 30g 以上时，即可捕捞上市。为了获得更高的养殖效益，龙虾的捕捞期应根据市场情况和虾体规格而定。在生产上，龙虾从 3 月中下旬就可以用虾篓或地笼捕大留小了，规格大的上市，小的放回水体继续养殖，收获以夜间昏暗时为好，对上规格的虾要及时捕捞，可以降低存塘虾的密度，有利于加速生长。到 9 月上旬，龙虾就到了食用淡季，此时龙虾壳硬肉少，不受市民欢迎，市场上的数量供应也会大大减少，尽管价格很低，也不好卖，所以此时就要逐渐停止捕捞。

当水温低于 12℃时可将虾全部捕获。小规格虾进入越冬池，控制温度在 10～15℃，留等第二年再养殖。亲虾进入产卵池培育。

2. 地笼张捕

最有效的捕捞方式是用地笼张捕，地笼网是最常用的捕捞工具。每只地笼长约 10～20m，分成 10～20 个方形的格子，每只格子间隔的地方两面带倒刺，笼子上方织有遮挡网，地笼的两头分别圈为圆形，地笼网以有结网为好（图4-9）。

图4-9　地笼

　　　　第一天下午或傍晚把地笼放入池边浅水中或者是水草茂盛处，里面放进腥味较浓的鱼块、鸡肠等作为诱饵效果更好，网衣尾部漏出水面，傍晚时分，龙虾出来寻食时，闻到腥味，寻味而至，碰到笼子后，笼子上方有网挡着，爬不上去，便四处找入口，就钻进了笼子。进了笼子的虾滑向笼子深处，成为笼中之虾。第二天早晨就可以从笼中倒出龙虾，然后进行分级处理，大的按级别出售，小的继续饲养，这样一直可以持续上市到10月底，如果每次的捕捞量非常少，可停止捕捞。这种捕捞法适宜捕捞野生龙虾和在较大的池塘捕捞（彩图4-16）。

　　3. 手抄网捕捞

　　把虾网上方扎成四方形，下面留有带倒锥状的漏斗，沿虾塘边沿地带或水草丛生处，不断地用杆子赶，虾进入四方形抄网中，提起网，龙虾就留在了网中，这种捕捞法适宜用在水浅而且龙虾密集的地方，特别是在水草比较茂盛的地方效果非常好。

　　4. 干池捕捉

　　抽干水塘的水，龙虾便集中在塘底，用人工手拣的方式捕捉。要注意的是，抽水之前最好先将池边的水草清理干净，避免龙虾躲藏在草丛中；抽水的速度最好快一点，以免龙虾进洞。

　　5. 其他方法

　　也可用虾笼、手拉网等工具捕捞，或放水刺激捕捉。

　　生产中一般先用地笼捕捞，等天气转冷，一般在10月以后，龙虾的运动量减少的时候再干塘捕捞。

第九节　鳖的高效养殖

池塘高效养鳖是目前国内规模化养殖很重要的一种方式，在南方比较常见（彩图4-17）。

一　池塘选择及修建

鳖喜静好洁，池塘应选择环境比较幽静、避风、向阳、灌水方便的地方开挖养殖池。一定要建造符合鳖类生长要求的鳖池，一般水深为1~1.5m（形状和面积不限，依地势安排），池底坡度为1:2或1:3，要设独立的进、出水口系统。池内用约占池面积1/3的地方放养浮萍、水花生或水葫芦遮阴，池周围砌0.5~1m高的砖石墙，用水泥粉刷平整，并有反檐设施，墙基入土30cm，防鳖打洞外逃。墙内留长1.5m、宽1m左右的空地（面积大可以留数个），或池中留一个约占总面积10%~20%左右的小岛，在空地或小岛上堆积20cm厚沙土供鳖产卵。塘边分别搭建"晒台"和食台，供鳖晒背和摄食之用，食台应高出水面10~20cm。产卵场靠池水处筑成一个45°斜坡，斜坡上最好铺废旧地毯或泡沫塑料，也可以铺木板等软或光滑之物，以防突出使鳖肚腹被粗糙物擦伤，有利于其上岸觅食、活动、产卵。

鳖池要求保水性能好，水源充足，进、排水渠道畅通，提水、增氧、饲料加工机械和用电设备齐全。鳖种池和成鳖池要配套，实现当年开发，当年放养，当年见效。

> **【提示】**　鳖池底质坚硬的，在鳖放养前10天要铺上10~15cm的细沙或软泥。在鳖放养前用生石灰或漂白粉清塘，以杀灭池水和底泥中的有害生物、野杂鱼和病原体。在放养前要检查防逃设施，发现损坏及时修补。盛夏可在池塘岸边栽大叶瓜类作物或搭棚架，为鳖的生存、生长创造一个良好的生态环境。幼鳖苗放养前，要对池塘进行清塘消毒，清塘方法见第二章第二节。

二 鳖种的放养

1. 鳖种的来源

鳖种的来源，主要是两个方面，一是从专业户批量购买的鳖种，二是自己繁育的鳖种。按大小分别寄养于塘角或分格的小塘里，待10～15天适应新环境后，放入养殖塘。

2. 鳖种的质量

鳖种质量要有保证，挑选体质健壮、无病无伤、无寄生虫附着，体重50g以上、体长7cm以上、规格整齐一致的鳖种放入同池塘养殖。大小鳖种要分开放养，体质弱、个体小的可单独强化喂养一个阶段，待体质恢复后再放入适宜的池中养殖（图4-10）。

3. 放养时间

在进行鳖的高效养殖时，根据鳖有冬眠的生活特性，放养时间可以分为两个阶段，一个是在越冬前或是越冬后的早春放养，为了提高鳖的成活率，我们建议还是在春节后的3月放养；还可以在5～6月进行放养。

图4-10 鳖种

4. 放养密度

幼鳖放养量应根据各地池塘、水源、饲料、饲养管理技术条件及预期达到的商品规格来决定，通常在早春的放养密度为每亩7000～9000只。

成鳖养殖大多为夏天露天养殖，考虑到在生长最快的时候捕捉会影响鳖的摄食和生长，可以在6月放养时，按4000～6000只/亩的标准放养，一直到年底出池，减少中间放养环节。

5. 放养时的注意事项

实行一次放足，多次捕捞，常年上市，以充分利用水体。放养前要注意消毒，可用5%的食盐溶液消毒10min后再放入池塘中；也可用维生素 B_{12} 或维生素 C 100～200mg/L 的溶液洗浴30min，然后再放入每千克水含10万～15万国际单位青霉素药液中，浸洗2h后入塘。

三 搭配鱼种

每亩鳖池可搭配规格为 50～100g/尾的白鲢鱼种 200～300 尾、100g/尾以上的花鲢 50 尾，进行鱼鳖混养，既可提高水体的利用率，调节水质，又可达到鱼鳖双丰收。但在放养期中，应加强投饵，保持水质清新。

四 日常管理

池塘养鳖时一定要加强日常管理，主要是做好以下几项工作。

1）科学投喂，根据鳖的生长情况，及时调整日投饵量，投饵时要坚持"四定"原则，即定时、定量、定质、定位。饲料以动物性饲料为主，如鱼虾、螺蚌、蚯蚓、蝇蛆、蚕蛹、水生昆虫、牲畜内脏等，辅以麸皮、玉米粉、豆渣及少量瓜类。饵料数量为鳖总重的 5%～8%，成体鳖为体重的 8%～12%，稚鳖要投喂红虫、小虾和煮熟捣烂的鸡蛋。

2）保持成鳖养殖池的水质良好和稳定，是一项复杂、细致的工作，是集约化饲养鳖稳产、高产的基本保障。因此要适时调节水质，根据天气、水温、鳖的生长情况及时灌注新水或泼洒药物，或用光合细菌来调节水质。一般情况下，在水质过肥和黎明时容易缺氧，应及时注入新水或开动增氧机增氧。每隔 10～15 天加施生石灰（10～15mg/L）或漂白粉 1～2mg/L，以保持水质清新，溶氧充足，肥度适中。

3）加强防病治病工作，根据鳖疾病发生规律，适时泼洒防病药物和投喂药饵，以预防疾病的发生和蔓延，鳖种入池后，养鳖的工具和饵料台要严格消毒，防止鳖疾病发生。一旦发病，病鳖要单独喂养，用磺胺类药物拌饵投喂，成鳖还可以注射抗生素。搭好晒台让鳖经常"晒背"，借助"日光浴"，使鳖背上附着的污秽晒枯而脱落。

4）做好冬眠工作，鳖属于变温动物，对环境温度变化特别敏感，当水温低于 12℃时，即 11 月左右，鳖会沉入水底，蛰伏于泥沙中，进入"冬眠"，第二年 4 月，水温高于 15℃时，恢复活力。要根据各地具体情况，缩短"冬眠期"。

第十节　金鱼的高效养殖

金鱼虽然是观赏鱼，但它仍然是淡水鱼的一个重要组成部分，随着人们生活水平的提高，对金鱼的需求量也日益增长，因此金鱼的养殖也日益受到重视。我国是金鱼的故乡，金鱼的养殖水平和欣赏水平也处于世界前列，因此特别对金鱼的高效养殖做简要说明（彩图4-18）。

水泥池饲养金鱼在色彩、体型、尾型等方面要优于土池饲养的金鱼，但其数量要远小于土池饲养的金鱼，无法同时满足出口与国内市场的需求，因此，在现阶段发展土池养殖对金鱼的发展还是具有重要意义的。在土池内高产高效饲养金鱼，应做好以下几点。

一　池塘的选择

1. 位置

养鱼是离不开水的，养殖金鱼的池塘要靠近水源，水质良好，注排水方便，如果水源不方便，则一定要有地下自备机井水供应。金鱼养殖池的环境开阔向阳，以利于阳光的吸收，促进浮游生物的培育，供金鱼提供合适的天然饵料。还要求交通便利，方便金鱼的运输及饲料的运输。

2. 面积

由于金鱼是观赏性鱼类，需要对它的体型和肥满度进行控制，因此为了便于管理，要求池塘不要太大，通常以1～3亩为宜，规格不限，从接收光照及便于饲养和捕捞的角度考虑，建议培育池以长方形为好（彩图4-19）。

3. 水深

池塘的水深要适宜，不可太浅，通常以1～1.5m为宜。

4. 底质

要求池底平坦，底质具有良好的保水性能和保肥性能。

二　池塘的消毒

在放养金鱼苗前必须先对池塘进行全面的清洁整理，如果池塘里生长芦苇一类的挺水植物，这些都需要连根除尽，也可能是水草丛生，残枝腐叶沉积很多，也可能栖息着一些能吃金鱼的野鱼，如乌鳢、鲇鱼等，不清理是不能使用的。对于那些已经养过鱼的池塘，饵料残渣和鱼的粪便等大量杂物沉积于池底，形成一层淤泥和腐殖质，容易产生对金鱼有害的硫化氢等气体，也可能有大量的致病菌和寄生虫，不加以消毒处理，对金鱼的生长有害。

消毒处理的方法是，在养殖金鱼前约20～30天，将池塘水排干，挖去淤泥，然后用生石灰或漂白粉消毒。每亩用40kg生石灰，加水溶解后全池泼洒，第二天再用泥耙推动池底淤泥，进一步消除淤泥中的敌害。另一种方法是用漂白粉溶入水中全池泼洒，使池水含药量为2mg/L，泼完后，用竹竿在池中搅拌，使药水在池中均匀分布，第二天用泥耙推动池底淤泥，这种方法也能彻底对坑塘进行消毒。池塘消毒后，在使用前，必须对池水进行毒性消除的测试，证明毒性消失的，才能投苗养殖。其测试方法是先将池水底部搅拌一下，使底层池水翻起，用盆盛入池水置于阴凉处，放几尾小金鱼，饲养2～3天，如果小金鱼没有死，证明毒性消除，是安全的，就可用于养殖金鱼了（彩图4-20）。

三 肥水培藻

在放养鱼苗前6～7天，需在塘内施基肥1次，肥料可用发酵过的人、畜粪肥，如有条件也可使用大草堆肥，施肥量可按每亩水面500kg粪肥的比例计算。肥效发生作用后，浮游生物便会大量繁殖，保证鱼苗下塘后有足量的适口饵料，正好可供放养的幼鱼食用。

四 选择养殖品种

池塘养殖金鱼有饲养管理简便、鱼体生长快、色泽鲜艳、生产规模大、经济效益高等特点。一般养殖户和生产单位都乐于采用，是以多取胜的养殖方法。但这种养殖方式对金鱼的品种有一定的要求，一般以易饲养、体质健壮、对水质的忍受力较强的鱼类为主，不宜饲养比较娇嫩的品种，例如草金鱼、龙晴、望天、帽子等（图4-11、图4-12）。

五 金鱼的放养

1. 挑选幼鱼

在鱼盆、鱼池中产卵孵化出来的仔鱼，待其体长达1.5～2cm，根

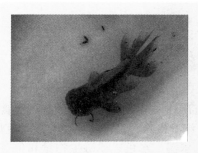

图 4-11　虎头

图 4-12　蝶尾龙睛

据体形是否端正，尾鳍中央是否分成 4 尾，能否呈水平状态游泳等特征来加以挑选，挑出单尾、白条、青皮等残次鱼，以提高金鱼的品质及观赏性，将留下来的鱼放入池塘后继续饲养。

2. 混养品种

除了极少数特别名贵且娇嫩的品种需要单一养殖，其他品种的金鱼生长速度比较接近，不会发生因鱼大小不同而争食的情况或大鱼吃小鱼的现象，但是这种养殖方式对于池塘的利用来说是很不好的，不可能同时利用水体的上、中、下三层空间。为了提高池塘的利用率，通常将金鱼进行混养。

> **【提示】** 如果池塘数量有限，也可以多品种混养，但要注意将规格一致的或游速相近的品种养在一起。如果规格难于一致而又必须混养时，则可将游速快的小鱼与游速慢的大鱼混养在一起，反之，则绝对是不行的。

3. 放养密度

合理的放养密度，既能保证金鱼的正常生长，又能控制金鱼的生长速度，保持其体型的协调性，增加观赏性。一般全长 1.5～2cm 的鱼苗以每亩 4 万～5 万尾为宜，当鱼苗长至 6cm 左右，即可分出一部分作为商品鱼出售。然后再进行定塘，如果一次放苗使金鱼规格达到 10～12cm，其放养密度可控制在每亩 2 万～3 万尾。密度小于上述指标，则有向鱼体过分延长、游态野性等不利方向发展的趋势；

密度大于上述指标，则生长速度慢、容易发生"浮头"的现象，管理较困难。

4. 放养时间

放养时间一般多在 6 月上旬左右，即鱼卵孵出后 30 ~ 45 天。

六 科学施肥

池塘饲养管理比较粗放，鱼苗期一般不投饵，金鱼苗靠摄食天然饵料。如果池塘水肥力不够，浮游生物不足，就会影响金鱼生长，需要施肥。施肥量是根据天气、水温、水色、浮游生物量和鱼苗生长情况而定的。池水颜色以菜绿色为好，水面清净无杂物。一般每天施堆肥量为每立方米 100 ~ 200g，渣滓经池水冲洗后捞出弃掉。如果遇到长期阴雨天气，池中有机肥料分解慢，浮游生物不够丰富时，可以补施化肥。每平方米水面投放硫酸铵或尿素 75 ~ 150g，过磷酸钙 35 ~ 75g，以提高池水的肥力。

七 科学投饵

随着幼鱼的生长，水中浮游生物不够摄食，需要补给一些饲料，如芜萍、小浮萍、米糠、麸皮、豆饼和一定量的鱼虫等。豆饼需加水浸泡磨成豆饼浆，投放在食料台上，投喂量为每天每千尾喂 100 ~ 200g，米糠量大致与豆饼相同。米糠、豆饼如果金鱼吃不完，亦作为培养浮游生物之用，而不至于对金鱼造成危害。投喂鱼虫和人工饵料时，投饵应投放均匀，以使全池金鱼都能就近摄食，减少金鱼的运动量，并于夏、秋季在饵料中添加增色剂，使其色彩鲜艳，增加体型美、游姿美的成品率。越冬池塘在未结冰期可适当少投些饵料，结冰后就不再投喂。开春后水温渐渐升高，应视金鱼的食欲情况，相机投饵，并逐步增大投饵量。

八 四季管理

1. 春季的管理

1）对于放在室内越冬的金鱼要及时出盆，使金鱼转入清洁舒适的环境中生活。

2）投饵一定要适量，仔细观察鱼类的颜色和残饵的多少，以确定第二天的投饵量。金鱼若消化良好，食欲旺盛，则可以逐渐增加投饵量，以加速体质的恢复和生长发育。

3）当雌鱼怀卵尚未完全成熟时，切忌换入新水和投喂过多的饵料。因为饱食、新水和水温上升3个因素的影响，可起催产作用，往往造成其欲产卵又未成熟，引起泄殖孔闭塞，发生难产死亡。

2. 夏季的管理

夏季是金鱼生长发育的旺季，这个季节，金鱼活跃，很少得病。但气温高达37~38℃时，水温也常达30℃以上，此时要警惕缺氧和"烫尾"两大威胁，做好防暑降温工作。阵雨过后，即使原池水不算过老，也要彻底换水。因雨水降入鱼池表面，其温度较雨前低，温度低的水要往池底沉，池底水温高的水要往上升，如此上下对流使池内污物也随之上下翻腾，加快分解速度，使水质恶化，严重时也会"浮头"或"闷缸"，此时的金鱼食欲十分旺盛，要提防喂得过饱。夏季捞来的鱼虫较易死亡，刚死而未发臭变质的鱼虫仍可用来喂1~2龄的健康金鱼，要先喂死虫后喂活虫，否则金鱼吃饱活虫而将死虫留在水中，必然败坏水质。

夏季也是鱼病流行季节，如发现懒游少食、离群独处，鱼鳍僵缩或者鱼体出现白点、白膜、红斑、溃疡等情况，要隔离防治。

3. 秋季的管理

此季节大部分时间的水温都在金鱼的适温范围之内，是一年中金鱼生长发育最旺盛的季节。这时管理的重点是喂足喂饱，适当增加饵料中脂肪和蛋白质等营养成分的比例，只要金鱼吃得下，消化吸收好，要尽量投喂饵料，让金鱼长得膘肥体壮，安全越冬。随着气温的下降，水温也渐低，换水的间隔时间也较夏季适当延长。

4. 冬季的管理

入冬以来必须准备好越冬的金鱼房。金鱼房要坐北朝南，背风向阳，透光保温。室内要有取暖设备，通电、通水。准备好绳拉自由掀盖的草帘或棉帘，以便夜盖晨掀，发挥夜间御风寒、白天采光取暖的作用。若为半地下式金鱼房更为理想。室内温度以保持在2~10℃为宜。在确保金鱼安全的前提下，都要减少到最低限度，每月换水1次，5~7天清污1次。

——第五章——
养殖实例

第一节 稻田套养罗氏沼虾的高效养殖

罗氏沼虾又名马来西亚大虾、淡水长臂大虾,是一种大型淡水经济虾类,原产于东南亚,具有生长速度快、饵料广泛易得、个体硕大、肉鲜味美、营养丰富及生长周期短的优点,是一种优良的水产推广品种,深受养殖者的喜爱。安徽省某乡推广稻田套养罗氏沼虾的高效养殖技术,该技术采用二段式养殖。第一阶段养殖是指虾苗在塑料温棚内培育成幼虾的过程;第二阶段养殖是指幼虾在稻田内养成成虾的过程(彩图5-1)。

一 温棚的构建

在稻田中部搭建育苗温棚,温棚上口宽5.4m,下口宽4.8m,深1.2m,蓄水位 0.80~1.0m,棚上覆盖单层8丝厚的聚乙烯塑料薄膜,池底布设双道增氧充气管,呈"U"形排列,也可布设气砂头,通常为 0.5 个/m²。池中间设 1 个跳板,供投饵、检查、巡池用。3月4日用50kg生石灰化浆趁热均匀泼洒,3月15日施30kg腐熟的鸡粪培肥水质(彩图5-2)。

二 稻田工程

稻田面积为 5 亩,经工程改造后,田间沟深 2.0m,其他地方深1.5m,正常蓄水深度为 1.0~1.2m,池底平坦,四周有田间沟,占池面积的1/6 左右。

1. 田间工程

田间工程主要是开挖田间沟并夯实田埂。田间沟深 2.0m，宽 5.0m，沿田埂四周开挖。挖沟的泥土用来夯实田埂，埂宽 2.5m。

2. 稻田的清整

4 月 10 日，放去田水至底部约有 30cm 水，每亩用 150kg 的生石灰化水趁热泼洒，以杀死水体中的细菌、病毒、寄生虫及其卵茧、克氏原螯虾及黄鳝、青蛙、鼠等天敌，4 月 15 日开始进水至 80cm，进水口用 80 目的密筛绢过滤，以防蛙卵及野杂鱼卵进入稻田危害幼虾。

3. 虾巢及隐蔽物的设置

罗氏沼虾具有占领栖息地的生活特点和格斗自残的习性，因此隐蔽物的设置显得尤为重要。在温棚内采用多栽水草，并适当放入经煮沸消毒过的棕榈皮、柳树枝来人工设置虾巢。在养殖成虾时，除了人工栽草、从湖泊捞草外，还利用闲置的地笼、多余的网片等设置虾巢，模拟天然栖息环境。生产实践表明，设置好虾巢，为罗氏沼虾提供适宜的生存环境是提高幼虾成活率、增加产量的关键措施之一。

4 月 20 日人工栽培轮叶黑藻、伊乐藻或聚草及水花生，投放部分浮莲、紫背浮萍等，并将破网片挂在水中，将地笼口放开，定置于水中。同时施 $0.15kg/m^2$ 的鸡粪培肥水质（彩图 5-3）。

三　温棚培育幼虾

1. 虾苗来源

所用淡化虾苗 6 万尾，从江苏省启东市某育苗场经 6h 长途运回，淡化虾体长 0.8cm，质量较好，活动敏捷，运至温棚时几乎无死亡。

2. 虾苗放养

3 月 20 日 11:00 经过水温调节后，进入温棚进行培育，放养密度为 300 只/m^2。放苗时水温调节方法是，先将氧气袋放进水中试水 1min，提起，搁至跳板上，5min 后再试水，如此反复 3～4 次，最后将虾苗缓缓放入培育池中。培育池的水温在（19±2）℃。

3. 投喂与管理

幼虾饵料采用江苏省连云港市虾蟹专用饲料，幼虾的投饵率（占虾体重），见表5-1。

表5-1　幼虾的投饵率（占虾体重）

下池时间/天	1~3	4~10	10~15	15~20	20~30	30~40
投饵率（%）	250	200	120	80	60	35

日常管理主要有调控水质、定时换冲水；及时调温、保持水温至20~22℃；加强防范、防止敌害尤其是青蛙进入；做好疾病的防治工作。

四　稻田养殖成虾

1. 幼虾入池

经过40多天的精心培育，幼虾于5月1日开始出池，历时4天，共培育平均体长3cm的幼虾33450尾，成活率为55.75%。将幼虾放入5亩的稻田中进行套养，平均密度为6690尾/亩，同时投入花鲢75尾，平均规格为450g/尾。

2. 饲料投喂

在幼虾入池前，已用鸡粪培肥水质，水体中含有丰富的浮游生物供幼虾食用，同时每天投喂蛋白质含量为36%的专用配合饲料，每天10:00和17:00各投饵1次，以下午投饵为主，占日投饵量的75%。投饵时均匀撒于浅水处，并及时检查虾的取食情况，以3h吃完为度，并根据"四定"原则和"试差法"及时调整投喂量，投饵率由30%逐渐递减至4%左右。

3. 水质管理

罗氏沼虾高密度精养对水质要求比较严格，因而水质调节是夺取高产的重要因素。①定期泼洒生石灰浆，每隔15天左右，用5kg/亩的生石灰化水泼洒，可以澄清水体、调节水质、提供钙离子。②定期换冲水，每个月换水1次，每次换水量1/4~1/3。③开动增氧机，每日3:00~4:00开动增氧机1~2h，可以有效地增加水体溶氧、增进罗氏沼虾的摄食欲望、促进虾的快速生长。④在泼洒生石灰浆

1 星期后，补施过磷酸钙肥料 1kg/m^2。

4. 疾病防治

罗氏沼虾的疾病主要有弧菌病、褐斑病、烂鳃病、白虾病、蜕皮障碍病、黑鳃病及纤毛虫病等，对罗氏沼虾疾病的防治应本着"预防为主、防治兼施"的原则，一旦发生疾病时应及时诊治，对症下药。但要注意以下几种药物的用量。

① 罗氏沼虾对敌白虫比较敏感，在 0.8mg/L 的 90% 的晶体敌百虫里 2～3h 就出现躁动不安，活动迟缓，继而死亡。

② 罗氏沼虾对菊酯类、拟菊酯类药物比较敏感，如在 0.3mg/L 的敌杀死下，4h 死亡率可达 80%。

③ 泼洒漂白粉时，控制其含量为 1mg/L 以内；硫酸铜的安全含量为 0.7mg/L；生石灰在 25mg/L 的范围以内。

5. 日常管理

日常管理主要有"四勤"，即勤巡塘，预防虾池泛塘及防逃虾、防偷盗；勤检查饵料，合理调整投饵量；勤捕杀敌害，如老鼠、蛙、鸟、蛇等，提高罗氏沼虾的成活率；勤调节水质，确保水质"肥、活、嫩、爽、清"，促进罗氏沼虾的快速生长。

五 捕捞

由于罗氏沼虾不耐低温，因此于 10 月 5 日前起捕完毕，饲养期约 200 天。捕捞主要采用虾笼诱捕、虾罾聚捕、拖网拖捕相结合的方式，共捕获成虾 320kg，成鱼 110kg，折算为产成虾 64kg/亩，商品鱼 22kg/亩，平均规格为 31g/尾，幼虾成活率为 31.8%，折算成总成活率为 17.47%。罗氏沼虾的收入为 7680 元，平均售价为 24 元/kg，商品鱼收入为 560 元，总收入为 8240 元。投入主要包括苗种投入 1400 元，温棚投入 1000 元，饲料 1300 元，其他 400 元，共投入 4100 元，利润为 4140 元，平均利润为 828 元/亩。

第二节　草鱼高效养殖

四川省成都市的养殖户朱某，根据成都人喜欢吃草鱼火锅的特点，大力发展草鱼养殖，取得了明显的收益。在春季放养大规格的草鱼苗种后，科学养殖 40 多天，草鱼平均规格从 0.75kg 增重至 1.5kg，亩产达 500kg 以上，在 4 个多月的时间里，40 亩的水面盈利 16 万多元。他的主要做法如下：

一 池塘条件

池塘要远离污染源，每个池塘面积 10 亩，呈东西走向，环境安静，四周无高大树木及建筑物，便于鱼池采光和通风。池岸整齐，堤坝牢固，池底平坦，底质最好为壤土或沙壤土，底泥 10 ~ 20cm，水深 2 ~ 2.5m。池塘保水保肥性好，便于拉网操作。池塘水源稳定可靠，进排水方便。每口池塘应配备 3kW 叶轮机式增氧机 1 台和水泵 1 台，以备及时换水与增氧。

二 严格清野消毒

由于草鱼自身病害较多，精养池塘更易暴发流行病，需及时清野消毒。另一方面，及时消除杂鱼也是保障草鱼正常摄食、节约饲料的重要举措。清野消毒的具体做法通常有两种，一种是干法清野，另一种是湿法清野。由于湿法清野的劳动量大，所以朱某采用的是干法清野，先将池塘的水抽干后，暴晒 1 周，然后放水 5 ~ 10cm，每亩用生石灰 75kg 化浆后，趁热全池泼洒。也可用漂白粉来干法清野，做法是每亩用漂白粉 7.5kg，温水溶解后全池泼洒，做到不留死角死面，彻底杀灭致病细菌。

三 施好基肥

视池塘底质情况，用发酵腐熟好的有机肥料，一次施足基肥，可每亩用鸡粪 200 ~ 300kg 或猪粪 400 ~ 500kg，全池撒均匀，少量堆放在池塘浅水处。

四 苗种选择与放养

1. 苗种选择

为了更快更好地达到当年上市规格，朱某都是选择 2 龄草鱼苗种，个体规格为 0.75kg/尾左右，草鱼种应选择鱼体丰满、体色金黄发亮、外表无伤、鳞片完整、活泼健壮且顶水能力强的个体。在选择鱼种前可以先简单地测试一下草鱼种的活力，也就是选择那些受到惊吓时反应灵敏，在投饵时能争先恐后地抢夺饲料的个体。

2. 鱼种放养与品种搭配

草鱼种可每亩放养 400～450 尾，搭配个体规格为 250～500g 的鲢鱼种 50 尾及同规格的鳙鱼种 15 尾，不搭配或少搭配鲤鱼，以避免与草鱼抢食。

3. 鱼种消毒

草鱼种入池前，应注意体表消毒，可用 3% 的食盐溶液浸洗消毒 5～10min。也可用高锰酸钾溶液浸泡消毒，用药量为 10～20mg/L，浸泡时间为 15～30min。

五 科学投喂

1. 饲料选择

在池塘里精养草鱼时所用饲料以配合饲料为主、青饲料为辅的方式。配合饲料以鱼粉、豆粕、麦麸、次粉、玉米、精草等原料为主，配以矿物盐、多维及氨基酸的复合添加剂，要求饲料营养全面，其中粗蛋白 20%、粗脂肪 4%、碳水化合物 40%、纤维素 8%～10%；青饲料则以投喂青草或各种水草为主，除经常投喂稗草、芦草、苦草、菹草外，还可以投喂人工种植的苜蓿、苏丹草、黑麦草等优质高产青饲料。另外各种杂草及蔬菜、豆类、瓜类、玉米的茎叶等都是草鱼很好的饲料，要求饲草鲜嫩，以便于草鱼消化。如果自己配制饲料不方便或者是不能很好地掌握相应技术时，建议直接选购市售的大品牌的草鱼颗粒饲料。一般在养殖初期，可选择使用粗蛋白含量为 28%～29% 的颗粒饲料，在草鱼类的生长旺季（6、8、9 月）使用粗蛋白含量为 30% 的饲料。草鱼膨化颗粒饵料与青饲料配合使用效果很好，这种饵料既能满足草鱼生长的需要，又能节省大量的劳动力，同时对净化水质，防止鱼病很有好处。

2. 科学投饵

精养池塘的投喂是饲养管理阶段的主要工作，投喂方式采用人工驯化定点投喂，严格坚持定质、定量、定时、定点的"四定"原则进行投喂。

投喂次数为 3 月中旬～5 月每日 2～4 次，6～8 月中旬每日 3 次，8 月中旬～10 月每日 4 次。饲料投喂量应根据天气、鱼类吃食情况、水质情况灵活掌握，以每天傍晚前吃完为宜，朱某的经验是在每天16:00左右，应按塘鱼重量的2.5%投喂配合颗粒饵料，投喂技巧是采用驯化的方式来集中摄食。由于草鱼生性贪吃，只要环境适宜，食欲基本无节制，在高温季节特别要限制草鱼的吃食量，因此从6月开始，每天投喂青饲料1次，投喂量不宜过大，以七八成为宜，严防过饱过饥，应杜绝草鱼吃夜草，每天坚持将剩余的残料捞出。全年每亩投喂精料总量为500~600kg，青饲料的投喂量为700~800kg。

六 水质管理

1）定期泼洒生石灰，一般每15天按每亩水面，每米水深20kg施用，可化水后全池泼洒。

2）有计划地加水换水，每10天注入新水1次，每次注入20~30cm，到7月中旬，视实际情况换水1次，换水量为1/2。

3）每天开动增氧机，确保池塘里水体的溶氧量充足。6月~8月中旬，由于气温较高、水温也较高，草鱼的生长发育处于快速生长期，它们的吃食量大，同时排出的粪便也多，因此水体极易缺氧，从而造成草鱼浮头，在此时节，晴天中午开机2~3h，凌晨开机3~4h，阴天半夜开机1次，以预防草鱼浮头。

4）及时清理池塘中的各种杂物，捞出草鱼吃剩的青饲料茎、叶等，减轻水体的污染。

七 鱼病防治

1. 加强鱼病的预防

细菌性肠炎病、烂鳃病、赤皮病是草鱼的三大主要病害。近几年部分地区还出现了病毒性出血病，在实际生产中，这几种病都是并发性疾病，因此，在预防上要相应地采取综合防治的方法。

朱某的经验就是做到"防患于未然"，平时主要是做好巡塘，及时掌握池塘里草鱼的活动、吃食状况，及时掌握水质变化情况，做到无病早防，有病早治，这样就能起到事半功倍的效果。

2. 及时注射疫苗

另一个重要的经验就是在春季草鱼种下塘的同时，为草鱼注射疫苗。朱某和其他养殖户长期的生产实践证明，草鱼免疫注射技术是目前能解决草鱼"四病"的一条有效途径。

（1）**时间选择**　选择在水温为 8～22℃ 的春季进行，但是已感染患病的草鱼不宜进行注射免疫。

（2）**鱼种准备**　注射前用 0.5% 的食盐溶液对鱼种进行消毒处理，时间控制在 5～10min。

（3）**工具选择**　注射器、针头及稀释器皿须用 75% 的酒精消毒或用开水煮沸消毒。朱某为草鱼种注射疫苗时选用的是 7# 注射针头，为了防止注射时入针太深伤及鱼体内脏，可在注射针头上套一小截塑料管，暴露出的针尖长度略长于鱼体腹肌厚度。

（4）**疫苗稀释**　浓缩液在使用前先用 0.65% 生理盐水稀释 10 倍，一瓶稀释好的疫苗尽可能一次用完，如果一次用不完，可用注射器抽取需要量使用，抽取后用医用胶布封住针眼。

（5）**注射部位及剂量**　在腹鳍基部注射，针头与鱼体成 45° 刺入鱼体，每尾注射 1mL 稀释后的疫苗。

（6）**成本**　一般情况下，每条草鱼鱼种的注射疫苗成本为 5 分钱左右。朱某按每亩投放 500 尾草鱼种计算，每亩仅投入疫苗成本 25 元左右，综合经济效益十分显著。

附录 常见计量单位名称与符号对照表

量的名称	单位名称	单位符号
长度	千米	km
	米	m
	厘米	cm
	毫米	mm
面积	平方千米（平方公里）	km^2
	平方米	m^2
体积	立方米	m^3
	升	L
	毫升	mL
质量	吨	t
	千克（公斤）	kg
	克	g
	毫克	mg
物质的量	摩尔	mol
时间	小时	h
	分	min
	秒	s
温度	摄氏度	℃
平面角	度	(°)
能量，热量	兆焦	MJ
	千焦	kJ
	焦［耳］	J
功率	瓦［特］	W
	千瓦［特］	kW
电压	伏［特］	V
压力，压强	帕［斯卡］	Pa
电流	安［培］	A

参 考 文 献

[1] 占家智，羊茜. 施肥养鱼技术 [M]. 北京：中国农业出版社，2002.

[2] 占家智，羊茜. 水产活饵料培育新技术 [M]. 北京：金盾出版社，2002.

[3] 北京市农林办公室，等. 北京地区淡水养殖实用技术 [M]. 北京：北京科学技术出版社，1992.

[4] 凌熙和. 淡水健康养殖技术手册 [M]. 北京：中国农业出版社，2001.

[5] 戈贤平. 淡水优质鱼类养殖大全 [M]. 北京：中国农业出版社，2004.

[6] 江苏省水产局. 新编淡水养殖实用技术问答 [M]. 北京：中国农业出版社，1992.

[7] 田中二良. 水产药详解 [M]. 刘世英，等译. 北京：农业出版社，1982.

[8] 耿明生. 淡水养鱼招招鲜：常见淡水养鱼问题百问百答 [M]. 郑州：中原农民出版社，2010.

书　目

书　名	定　价	书　名	定　价
高效养土鸡	29.80	高效养肉牛	29.80
高效养土鸡你问我答	29.80	高效养奶牛	22.80
果园林地生态养鸡	26.80	种草养牛	29.80
高效养蛋鸡	19.90	高效养淡水鱼	29.80
高效养优质肉鸡	19.90	高效池塘养鱼	29.80
果园林地生态养鸡与鸡病防治	20.00	鱼病快速诊断与防治技术	19.80
家庭科学养鸡与鸡病防治	35.00	鱼、泥鳅、蟹、蛙稻田综合种养一本通	29.80
优质鸡健康养殖技术	29.80	高效稻田养小龙虾	29.80
果园林地散养土鸡你问我答	19.80	高效养小龙虾	25.00
鸡病诊治你问我答	22.80	高效养小龙虾你问我答	20.00
鸡病快速诊断与防治技术	29.80	图说稻田养小龙虾关键技术	35.00
鸡病鉴别诊断图谱与安全用药	39.80	高效养泥鳅	16.80
鸡病临床诊断指南	39.80	高效养黄鳝	22.80
肉鸡疾病诊治彩色图谱	49.80	黄鳝高效养殖技术精解与实例	25.00
图说鸡病诊治	35.00	泥鳅高效养殖技术精解与实例	22.80
高效养鹅	29.80	高效养蟹	25.00
鸭鹅病快速诊断与防治技术	25.00	高效养水蛭	29.80
畜禽养殖污染防治新技术	25.00	高效养肉狗	35.00
图说高效养猪	39.80	高效养黄粉虫	29.80
高效养高产母猪	35.00	高效养蛇	29.80
高效养猪与猪病防治	29.80	高效养蜈蚣	16.80
快速养猪	35.00	高效养龟鳖	19.80
猪病快速诊断与防治技术	29.80	蝇蛆高效养殖技术精解与实例	15.00
猪病临床诊治彩色图谱	59.80	高效养蝇蛆你问我答	12.80
猪病诊治160问	25.00	高效养獭兔	25.00
猪病诊治一本通	25.00	高效养兔	29.80
猪场消毒防疫实用技术	25.00	兔病诊治原色图谱	39.80
生物发酵床养猪你问我答	25.00	高效养肉鸽	29.80
高效养猪你问我答	19.90	高效养蝎子	25.00
猪病鉴别诊断图谱与安全用药	39.80	高效养貂	26.80
猪病诊治你问我答	25.00	高效养貉	29.80
图解猪病鉴别诊断与防治	55.00	高效养豪猪	25.00
高效养羊	29.80	图说毛皮动物疾病诊治	29.80
高效养肉羊	35.00	高效养蜂	25.00
肉羊快速育肥与疾病防治	25.00	高效养中蜂	25.00
高效养肉用山羊	25.00	养蜂技术全图解	59.80
种草养羊	29.80	高效养蜂你问我答	19.90
山羊高效养殖与疾病防治	35.00	高效养山鸡	26.80
绒山羊高效养殖与疾病防治	25.00	高效养驴	29.80
羊病综合防治大全	35.00	高效养孔雀	29.80
羊病诊治你问我答	19.80	高效养鹿	35.00
羊病诊治原色图谱	35.00	高效养竹鼠	25.00
羊病临床诊治彩色图谱	59.80	青蛙养殖一本通	25.00
牛羊常见病诊治实用技术	29.80	宠物疾病鉴别诊断	49.80